だれにもわかる
ディジタル回路

改訂4版

相磯秀夫 監修　天野英晴・武藤佳恭 共著

Ohmsha

本書を発行するにあたって，内容に誤りのないようできる限りの注意を払いましたが，本書の内容を適用した結果生じたこと，また，適用できなかった結果について，著者，出版社とも一切の責任を負いませんのでご了承ください．

本書は，「著作権法」によって，著作権等の権利が保護されている著作物です．本書の複製権・翻訳権・上映権・譲渡権・公衆送信権（送信可能化権を含む）は著作権者が保有しています．本書の全部または一部につき，無断で転載，複写複製，電子的装置への入力等をされると，著作権等の権利侵害となる場合があります．また，代行業者等の第三者によるスキャンやデジタル化は，たとえ個人や家庭内での利用であっても著作権法上認められておりませんので，ご注意ください．

本書の無断複写は，著作権法上の制限事項を除き，禁じられています．本書の複写複製を希望される場合は，そのつど事前に下記へ連絡して許諾を得てください．

出版者著作権管理機構
（電話 03-5244-5088, FAX 03-5244-5089, e-mail：info@jcopy.or.jp）

JCOPY ＜出版者著作権管理機構 委託出版物＞

監修のことば

　我々の身のまわりのエレクトロニクス製品，電卓，時計，携帯電話，パソコン……はほとんどがディジタル技術を駆使した産物である．ユビキタス社会が近づき，情報家電が家庭に広がるいま，複雑かつ高度なディジタル技術が普通に利用される世の中になっている．

　本書の主題である「ディジタル回路」は，ディジタル技術の基礎を集約し具体化したものであり，マイクロエレクトロニクスに関連する最先端技術にはこのディジタル回路の知識を修得することが最初の課題となる．換言すれば，ディジタル回路を理解し使い方を修得することが，今後の技術発展の第一歩といえる．上位レベルの設計技術が進んだいまこそマイクロエレクトロニクス産業の基礎技術として，ディジタル技術はその重要性を増している．

　本書は，このような背景の下に，重要なディジタル回路の基礎知識を具体的に解説することを目指したものである．初版発行時に著者らはソニー株式会社の社内教育において，ディジタル回路の講義を数年間担当しており，その経験を生かして本書をまとめている．執筆に際しては，むやみに難しい理論的な説明をあえて避け，自然に，しかも理路整然とディジタル回路の基礎が理解できるように努めている．この点が本書の特長であり，書名どおり高校卒業程度の基礎知識があれば「だれでもわかる」ように書かれている．

　本書は3回目の改訂にあたって，最新のデバイスを取り入れるとともに現在の新しい設計法の基礎となるように配慮を加えている．一方で，30年の歴史に耐えた伝統的な回路設計法のノウハウが残されており，新しい設計法に慣れた読者にとっても新鮮な内容となっている．

　本書はエレクトロニクスに直接関係する分野のみならず，広くシステム応用を志向する分野の方々にも役立つものと確信している．

2015年4月

工学博士　相　磯　秀　夫

はしがき

　「だれにもわかるディジタル回路」の初版が出版されてからおよそ30年間で，ディジタル回路のデバイス，実装法，設計環境は大きく変化しました．当時，主役であったバイポーラトランジスタを用いたTTLは絶滅し，完全にCMOSに置き換わりました．また，74シリーズの標準論理ICを基板の上に並べて配線する実装法に代わって，書換え可能な論理デバイスの一種であるFPGAが広く使われています．さらに，設計手法はMIL記号法を使って回路図を描く方法からハードウェア記述言語を使った設計に移り，最近はさらにプログラミング言語に近い高位合成による設計法が普及しはじめています．これらを理解して使いこなせば，従来では考えられないほど大きく，複雑なディジタル回路を簡単に設計して実際に動かすことができます．

　一方で，ハードウェア記述言語や高位合成を使ってFPGA上にディジタル回路を実装すると，すべてがコンピュータの中で行う操作になってしまい，ディジタル回路を実感して理解するのが難しいです．いまから思うと，回路図を描きながら設計したディジタル回路を，標準論理ICを使って基板上に配線して作る古典的な設計法は，ゲートやフリップフロップなどの論理素子が具体的に実感でき，入門者にとって，とても理解しやすいものでした．現在の設計現場では，古典的な設計の経験をもつ技術者が，新しい設計技術を身につけて設計を行っていますが，全く回路図や標準ディジタルICでの設計を知らない世代も増えています．ハードウェア記述言語や高位合成による設計法は，プログラミング言語に近いため，ハードウェアの基礎知識をもたずに，コンピュータのプログラムと同じように記述してしまうと，全く使い物にならない回路ができてしまいます．折しも，日本の半導体業界は，いままでのプロセス中心から設計中心に転換せざるを得なくなっており，ディジタル回路設計者をどのように養成するかは大変難しい課題となっています．

　本書では，いままでの版との継続性を保ちながらこの課題に対して一つの答えを出そうと試みています．新しい設計技術を用いる上で必要不可欠な基礎的知識を解説するとともに，回路素子については最新の内容に改訂しています．一方，74シリーズの標準ICについては，多くの記述を残しています．これは，言語を用いた設計法を使っても，ディジタル回路の基本構成要素（ビルディングブロック）を理解することは重要で，これには標準ICをモデルにするのが最もよいと考えたためです．ハードウェア記述言語についての解説はWeb[†]に譲っています．これは1冊にまとめるには分量が多すぎるためですが，なるべく本書の記述に対応する内容になっています．演習問題の詳解もWebに掲載しています．

　本書は，具体的には以下のように改訂を行いました．まず，0章と1章は基本的な流れはいままでの版と同じで，最近の状況に合うように若干の変更を行うにとどめています．2章は，フリップ

はしがき

フロップの内部の構造や，順序回路の設計法について，従来の版では避けてきたやや難しい内容を含めています．これは，最近，利用されるフリップフロップが D-FF に限られてきたため，簡単化した説明をすることができるようになったためです．これもなるべくわかりやすいように工夫しました．3章は最も変わった部分です．絶滅した TTL の解説は大幅にカットし，CMOS を中心に必要な知識をまとめています．従来の版では1章の終わりに少し紹介するにとどめたメモリ素子は，新たに設けた4章で詳しく紹介しています．これは最近のディジタル回路設計でメモリの役割が大きくなったことを反映しています．さらに5章では，標準ディジタル IC に代わってディジタル回路の実装の主役となっているプログラマブルデバイスを紹介します．6章以降（改訂3版の4，5章）はほとんど変えていません．

おわりに，初版からご監修いただいた相磯秀夫先生，初版の共著をいただいた慶應義塾大学 武藤佳恭教授，改訂に協力していただいた奥原颯さん，前の版で多数の間違いを見つけていただいた筑波大学 児玉祐悦教授，くわえてオーム社の方々に感謝いたします．

2015年4月

著者しるす

† 慶應義塾大学天野研究室ホームページ（http://am.ics.keio.ac.jp/darenimo/）

目　　次

0章　ディジタル回路とは
- 0・1　ディジタルとアナログ …………………………………………………………… 001
- 0・2　組合せ論理回路と順序回路 ………………………………………………………… 002
- 0・3　この本での進め方 …………………………………………………………………… 002
- 0・4　1章・2章の基礎知識 ……………………………………………………………… 003
  - 0・4・1　ディジタル回路での数の表し方（2進数） …………………………… 003
  - 0・4・2　単　位 …………………………………………………………………… 005
  - 0・4・3　ディジタル回路の構成素子 …………………………………………… 005
- 0・5　この本における約束事 ……………………………………………………………… 006

1章　組合せ論理回路
- 1・1　ディジタル回路の表し方の基本──MIL記号法 ……………………………… 007
  - 1・1・1　真理値表と基本ゲート ………………………………………………… 007
  - 1・1・2　MIL記号法とは ………………………………………………………… 008
  - 1・1・3　MIL記号法による基本ゲートの表現 ………………………………… 009
  - 1・1・4　ド・モルガンの法則 …………………………………………………… 009
  - 1・1・5　MIL記号の読み方 ……………………………………………………… 012
  - 1・1・6　MIL記号を書くときの原則 …………………………………………… 014
  - 1・1・7　基本ゲートの変換 ……………………………………………………… 016
- 1・2　最も容易な組合せ論理回路の設計法──加法標準形設計法 ………………… 017
  - 1・2・1　加法標準形設計法とは ………………………………………………… 017
  - 1・2・2　「0」をとる方法 ………………………………………………………… 019
  - 1・2・3　加法標準形設計法の利点と欠点 ……………………………………… 020
- 1・3　より簡単な回路を設計するために──カルノー図 …………………………… 020
  - 1・3・1　簡単化のいろいろな方法 ……………………………………………… 020
  - 1・3・2　カルノー図とは ………………………………………………………… 020
  - 1・3・3　カルノー図を用いた簡単化の方法 …………………………………… 024
  - 1・3・4　禁止入力がある場合 …………………………………………………… 026
  - 1・3・5　やや高度なテクニック ………………………………………………… 028

		1・3・6	カルノー図の限界 ··	029
1・4	ブール代数への変換 ··			030
1・5	いろいろな組合せ論理回路 ··			031
	1・5・1	組合せ論理回路のビルディングブロック ··		031
	1・5・2	演算回路（加算器，減算器，ALU） ··		033
	1・5・3	デコーダ（復号器） ··		038
	1・5・4	エンコーダ（符号化器） ··		041
	1・5・5	データセレクタ（選択回路） ··		042
	1・5・6	コンパレータ（比較器） ··		045
	1・5・7	パリティチェッカ ··		047
演習問題	··			050

2章　順序回路

2・1	フリップフロップ ···	055
	2・1・1　フリップフロップとは ··	055
	2・1・2　$\overline{SR}$ ラッチ ···	055
	2・1・3　$\overline{SR}$ ラッチの応用 ···	057
	2・1・4　D ラッチと D-FF ──データを記憶するラッチと FF ···················	058
	2・1・5　D ラッチと D-FF の応用（1）レジスタ ··	062
	2・1・6　D ラッチと D-FF の応用（2）1 クロックディレイ ·····················	063
	2・1・7　D-FF の IC ···	065
	2・1・8　JK-FF ···	067
	2・1・9　JK-FF を用いた回路の動作の読み方 ··	068
	2・1・10　JK-FF の IC ···	069
	2・1・11　FF の変換 ··	069
2・2	順序回路の設計法 ···	070
2・3	順序回路のビルディングブロック ··	076
	2・3・1　同期カウンタ ··	076
	2・3・2　同期カウンタの IC ··	077
	2・3・3　同期 n 進カウンタの作り方 ···	079
	2・3・4　同期カウンタの連結 ··	080
	2・3・5　同期カウンタの応用 ··	082
	2・3・6　シフトレジスタの原理 ··	086
	2・3・7　並列 ⟷ 直列変換用シフトレジスタ ··	087
演習問題	··	091

3章　ディジタルデバイス

- 3・1　3章以降の基礎知識 … 095
  - 3・1・1　オームの法則 … 095
  - 3・1・2　キルヒホッフの第1法則 … 095
- 3・2　CMOS … 096
- 3・3　CMOSの電気的特性 … 100
  - 3・3・1　ディジタル回路の規格表 … 100
  - 3・3・2　静特性 … 102
  - 3・3・3　動特性（AC特性） … 105
  - 3・3・4　消費電力 … 112
  - 3・3・5　CMOSデバイスの使用上の注意 … 113
- 3・4　バイポーラトランジスタとTTL … 114
  - 3・4・1　ダイオード … 114
  - 3・4・2　トランジスタ（バイポーラトランジスタ） … 114
- 3・5　TTLの動作原理 … 115
  - 3・5・1　ダイオードを用いたANDとOR … 115
  - 3・5・2　インバータ … 116
  - 3・5・3　DTLの基本回路 … 117
  - 3・5・4　TTLの基本回路 … 117
- 3・6　特殊な入出力 … 119
  - 3・6・1　3ステート出力 … 119
  - 3・6・2　オープンドレイン出力 … 121
  - 3・6・3　シュミットトリガ入力 … 123
- 演習問題 … 126

4章　メモリ

- 4・1　メモリはどのようにみえるか … 129
- 4・2　メモリの中はどうなっているのか … 131
- 4・3　SRAM … 131
- 4・4　DRAM … 133
- 4・5　フラッシュメモリ … 136
- 演習問題 … 138

5章 プログラマブルロジック

- 5・1 ASICとプログラマブルロジック …………………………………… 141
- 5・2 プログラマブルロジックとは ………………………………………… 142
  - 5・2・1 プロダクトターム方式 ……………………………………… 142
  - 5・2・2 ルックアップテーブル方式 ………………………………… 144
- 5・3 FPGA ……………………………………………………………………… 145
- 5・4 FPGAの発展 …………………………………………………………… 147
- 5・5 FPGAの設計 …………………………………………………………… 148
- 5・6 FPGAの用途と分化 …………………………………………………… 149
- 演習問題 ………………………………………………………………………… 150

6章 その他のディジタル回路

- 6・1 微分・積分回路 ………………………………………………………… 153
  - 6・1・1 CRによる微分・積分回路 ………………………………… 153
  - 6・1・2 微分回路の応用 ……………………………………………… 154
  - 6・1・3 積分回路の応用 ……………………………………………… 154
- 6・2 1発パルス発生回路 …………………………………………………… 156
  - 6・2・1 モノステーブルマルチバイブレータ …………………… 156
  - 6・2・2 ノンリトリガブルのモノステーブルマルチバイブレータ … 157
  - 6・2・3 リトリガブルのモノステーブルマルチバイブレータ … 158
  - 6・2・4 まとめの例題 ………………………………………………… 159
- 6・3 発振回路 ………………………………………………………………… 161
  - 6・3・1 水晶発振子を用いる発振回路 ……………………………… 161
  - 6・3・2 専用ICを用いる発振回路 …………………………………… 162
  - 6・3・3 ゲートとCRを用いる発振回路 …………………………… 162
  - 6・3・4 マルチバイブレータとは …………………………………… 164

7章 復習——シーケンス制御の例

- 7・1 シーケンス制御とは …………………………………………………… 165
- 7・2 条件制御 ………………………………………………………………… 166
- 7・3 優先制御 ………………………………………………………………… 167
- 7・4 順序制御 ………………………………………………………………… 169
- 7・5 時間制御 ………………………………………………………………… 170

演習問題の解答またはヒント ………………………………………………… 175
索　引 …………………………………………………………………………… 183

0章　ディジタル回路とは

0・1　ディジタルとアナログ

　時計，オーディオ，ラジオ，テレビなど，昔はアナログ回路で作られていた製品のほとんどが，いまはその主要部がディジタル回路で作られています．この本は，このようなディジタル回路を理解し，これを設計できるようになることを目的とします．

　昔はアナログであったものからいまはディジタルになったという流れから，ディジタルのほうがアナログよりも進んでおり，したがって難しいのではないか，と思う方がおられるかと思います．実をいうとディジタル回路はアナログ回路に比べて，ずっと簡単で理解しやすいのです．アナログ回路を理解するには電子回路の基礎知識が必要で，これを設計するためには等価回路や h パラメータといったトランジスタの特性などを勉強しなければなりません．

　ところが，ディジタル回路はそんな必要は全くありません．なぜかというと，ディジタル回路は物事を理想化して考えるからです．例えば，電圧のレベルについて考えると，アナログ回路は図0・1(a) のようにグランドの0Vを基準として，連続したすべての電圧レベルがみんな意味をもっています．これに対してディジタル回路は，同図(b)のように単純に理想化してしまいます．つまり，ある決まった基準値（しきい値またはスレッショルドレベル：Threshold Levelといいます）より

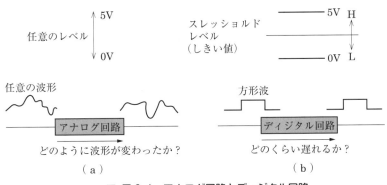

図 0・1　アナログ回路とディジタル回路

高い電圧はすべて「high レベル（H レベル）」として考え，低い電圧は「low レベル（L レベル）」として考えます．

また，扱う波形もアナログ回路はどのような複雑な波形もそれなりに認識する必要があり，その回路を通ったことによって，どのくらい波形が変化したかが問題になります．これに対してディジタル回路は方形波だけを扱えばよく，その回路を通ったことによって，どのくらい遅れたかを考えればよいのです．

このようにディジタル回路は物事を理想化して考えるので，設計者はこの理想化された世界の規則を知っていれば，この世界の中で自由に設計を行うことができます．

0・2　組合せ論理回路と順序回路

この理想化されたディジタル回路には大別して次の2つのものがあります．
（ⅰ）　組合せ論理回路：現在の入力によってのみ出力が決定される回路
（ⅱ）　順序回路：現在の入力と回路の状態によって出力が決定される回路

組合せ論理回路は現在の入力だけで出力が決定されるため，入力が同じならばいつでも出力は同じです．したがって，これだけでは複雑な動作を実現するのは難しいのですが，順序回路を構成するうえでの基礎となるので重要です．これに比べて順序回路は，入力とそのときの回路の状態によって出力が決定されます（図0・2）．組合せ論理回路に比べるとずっと複雑ですが，時計，テレビゲームからコンピュータまで役に立つ回路はほとんどが順序回路です．

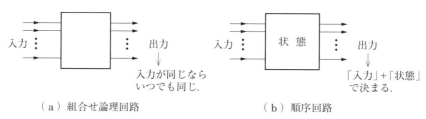

（a）組合せ論理回路　　　　　　　　（b）順序回路
図0・2　組合せ論理回路と順序回路

0・3　この本での進め方

まず，この本では1章と2章で理想化された世界での組合せ論理回路と順序回路について解説します．この部分だけしっかり理解できれば，ディジタル回路の論理的な設計はひととおりできるようになります．しかし，この部分だけでは本当に確実に動作する回路を作ることはまだ難しいのです．

世の中の本質がアナログなのかディジタルなのかというのは難しい問題で，量子力学の世界に入るまでミクロにみれば世の中の本質はディジタルなのかもしれません．しかし，実際に人間が実感できる範囲においてはやはりアナログが本質であり，ディジタルはそれを理想化したものと考えら

れます.

 したがって,ディジタル回路を確実に動作させるには,この理想と現実の境目付近をよく知ることが大切です.このためには,CMOSを代表とするディジタルデバイスの動作原理を理解する必要があります.この部分がこの本では3章に当たります.4章では,最近ますます重要になってきたメモリについて紹介します.5章では,最近ディジタル回路の主役となったプログラマブル(書換え可能な)ロジックについて扱います.6章では,ディジタル回路の中で用いられるアナログ回路的な部分に触れ,7章では応用編として,コントロールのための回路を扱います.

 本論に入る前に,まず1章と2章のための基礎知識を学習しましょう.ディジタル回路についてすでに知識をおもちの方は,この部分は読みとばして,この本における約束事(0・5節)だけをお読みください.

0・4 1章・2章の基礎知識

0・4・1 ディジタル回路での数の表し方(2進数)

 アナログ回路は連続した電圧をすべて認識しますから,その電圧をそのまま数として扱うことができます.ところが,ディジタル回路はHレベルとLレベルしかもたないため,「1」と「0」の2つの数しか表すことができません.そこで,ディジタル回路では数を表す場合,線をたくさん用いるのです.

 いま,3本の線を用いれば,$2^3=8$種類の数を表すことができます.このとき,各々の線に「重み」をつけます.図0・3のように3本の線にC,B,Aという名前をつけたとき,Aには$2^0=1$の重み,Bには$2^1=2$の重み,Cには$2^2=4$の重みを与えると,0から7までの数を表すことができます.このような数の表し方を2進数といい,この1ケタ分を1bit(ビット)と呼びます.

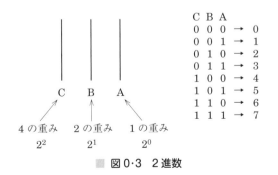

図0・3 2進数

 2進数と10進数の変換を少し練習しておきましょう.

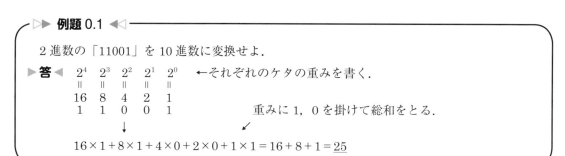

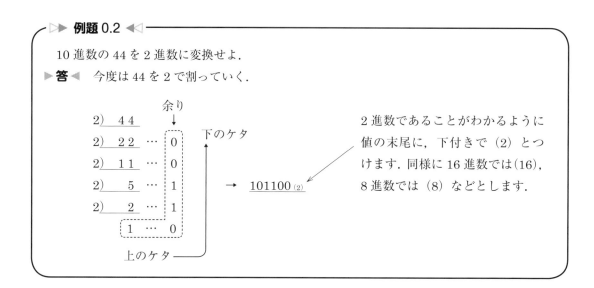

変換するときに便利なように 2^{32} までの一覧を**表0・1**に示します（◎は頻出しますので覚えておくと便利です）．

■ 表0・1

◎ $2^0 = 1$	$2^7 = 128$	$2^{14} = 16\,384 \cdots 16\,K$	$2^{21} = 2\,097\,152 \cdots 2\,M$
◎ $2^1 = 2$	$2^8 = 256$	$2^{15} = 32\,768 \cdots 32\,K$	$2^{22} = 4\,194\,304 \cdots 4\,M$
◎ $2^2 = 4$	$2^9 = 512$	◎ $2^{16} = 65\,536 \cdots 64\,K$	$2^{24} = 16\,M,\ 2^{25} = 32\,M,$
◎ $2^3 = 8$	◎ $2^{10} = 1\,024 \cdots 1\,K$	$2^{17} = 131\,072 \cdots 128\,K$	$2^{26} = 64\,M,\ 2^{27} = 128\,M,$
◎ $2^4 = 16$	$2^{11} = 2\,048 \cdots 2\,K$	$2^{18} = 262\,144 \cdots 256\,K$	$2^{28} = 256\,M,\ 2^{29} = 512\,M$
$2^5 = 32$	$2^{12} = 4\,096 \cdots 4\,K$	$2^{19} = 524\,288 \cdots 512\,K$	$2^{30} = 1\,G,\ 2^{31} = 2\,G,$
$2^6 = 64$	$2^{13} = 8\,192 \cdots 8\,K$	$2^{20} = 1\,048\,576 \cdots 1\,M$	$2^{32} = 4\,G$

2^{10} 以上は，端数まで細かくいっても意味がないので1024の24を略して1K（1キロまたは1ケー）と呼び，2^{20} のことは1M（メガ），2^{30} のことは1G（ギガ）と呼びます．マイコン屋さんはよく512KのROMとか，64MのダイナミックRAMとかいいますが，それはこのことなのです．

0・4・2 単位

キロとかメガが出てきたついでに，単位について簡単にまとめておきます．ディジタル回路はメモリの大きさはメガ（10^6）のレベルである一方，動作速度はナノ（10^{-9}）やピコ（10^{-12}）なので，普段見慣れない単位がいろいろ出てきます．表0・2にこれを示します．

表0・2 単位

10^3：K（キロ）	10^{-3}：m（ミリ）
10^6：M（メガ）	10^{-6}：μ（マイクロ）
10^9：G（ギガ）	10^{-9}：n（ナノ）
10^{12}：T（テラ）	10^{-12}：p（ピコ）
10^{15}：P（ペタ）	10^{-15}：f（フェムト）
10^{18}：E（エクサ）	10^{-18}：a（アト）

0・4・3 ディジタル回路の構成素子

ディジタル回路は，なぜ最近になって従来のアナログ回路の分野にも進出してきたのでしょうか？　それは半導体技術の発達と密接なかかわりがあります．ディジタル回路の本質的な特徴は，1つ1つの基本要素は恐ろしく単純な操作しかしない代わりに，LとHしか扱わないことからその操作を行う速度を大変速くすることのできる点にあります．

つまり，ディジタル回路は論理演算の基本単位（ゲートと呼びます）をたくさん集めなければろくに役に立たない代わりに，たくさん集めれば，さまざまな仕事を高速に実行できるわけです．かつて，ディジタル回路はリレーや真空管で実現されたため，利用できる範囲に大きく制限がありました．しかし，半導体がゲートの構成素子として用いられるようになり，多数のトランジスタがIC（Integrated Circuit：集積回路）チップ上に実装できるようになって，その用途が飛躍的に拡大したわけです．

ICの技術が発達し，MOS（Metal Oxide Semiconductor）FETと呼ばれるトランジスタが主に使われるようになった1970年代後半以降，集積度（1つの半導体チップに入れられる基本素子の数）は18か月で倍になるという驚異的なペースで大きくなってきました．これをムーアの法則と呼びます．このため，かつてはアナログ回路でしか行えなかった複雑な処理も，1チップのディジタル回路で簡単に実現できるようになったのです．これが，ほとんどのアナログ回路がディジタル回路に置き換わってしまった理由です．最近，このペースには陰りが見えていますが，集積度の増大はまだ続いています．ICのうち大規模なものをLSI（Large Scale Integrated Circuit：大規模集積回路）と呼び，その中でもさらに大きいものをVLSI（Very Large Scale Integrated Circuit：超大規模集積回路）と呼びます．最近のVLSIは基本素子であるゲートを10億個以上搭載することができます．

ディジタル回路は，かつてはpn接合を2つもつ普通のトランジスタで作られ，基本ゲート，マルチプレクサ，デコーダ，フリップフロップ，カウンタなどのさまざまなディジタル回路の基本構

成要素がTTL（Transistor-Transistor Logic）と呼ばれる回路構成法で作られました．しかし，TTLは大規模な集積に適していなかったため，1990年代からはCMOS（Complementary Metal Oxide Semiconductor）と呼ばれる回路構成法に置き換わりました．CMOSはnチャネルのMOSFETとpチャネルのMOSFETという正反対の特性をもつ2種類のトランジスタを組み合わせることで，高速で消費電力が小さいという優れた特徴があります．本書は，CMOSを中心に据え，ディジタル回路を育てたTTLについては簡単に触れるにとどめます．一方，ディジタル回路のビルディングブロックを紹介するときには，TTL時代に発達した74シリーズを例として使います．

0・5 この本における約束事

1章，2章では完全に理想化されたディジタル回路について述べます．そのため，いくつかの約束事をします．

（ⅰ）ディジタル回路は「L」と「H」の2つのレベルのみを扱う．この本では，0Vに近い電圧を「Lレベル」，電源（普通1.5〜5V）に近い電圧レベルを「Hレベル」という．さらに，HとLでは「数」を表すときみにくいので，便宜上

「Hレベル」⟷「1」

「Lレベル」⟷「0」

と書く．

この約束事は，この本でしか通用しません．ほかの本では，「正論理」のときはHレベルが1で，「負論理」のときはLレベルが1とするものが多いのです．

しかし，この本では後に述べるように「正論理」，「負論理」の考え方とブール代数は用いず，その代わりにアクティブ-H，アクティブ-Lの考え方とMIL記号法を用います．「正論理」，「負論理」，ブール代数に慣れた方は最初多少とまどうかと思いますが，やがて全く同じことをいっているのだということに気づかれるでしょう．入門者にとっては，この本のやり方のほうがずっとわかりやすいと思うのです．

（ⅱ）ディジタル回路に入力を与えると，ある決まった時間を経た後に出力が確定する．この決まった時間のことを伝搬遅延時間 t_{pd} という．

t_{pd} は各デバイスによっていろいろな値をとりますが，ディジタル回路ではnsec（10^{-9}秒）の単位で，大変高速です．また，HレベルからLレベルへ変化するときとLレベルからHレベルに変化するのでは値が違うのが普通です．しかし，1章，2章では，漠然と t_{pd} だけ遅れると考えてください．

（ⅲ）信号線は何本かを集めて数を表すとし，その線にA，B，C，D……という名前がついている場合，Aが1番下のケタ（2^0）を表す．

この約束事は，比較的一般に通用します．ICのハンドブックなどは，みなこの約束事で書かれています．

さあ，これで準備はすべて整いました．理想化したディジタル回路のうち，組合せ論理回路の話に入りましょう．

1章　組合せ論理回路

1・1　ディジタル回路の表し方の基本——MIL 記号法

1・1・1　真理値表と基本ゲート

　組合せ論理回路では，入力が決定すると出力は必ず1通りに定まります．したがって，ある回路の機能を表現するためには，その回路の入力パターンをすべて列挙し，それに対する出力を書いてやるのが野蛮ではありますが一番基本的な方法です．

　このような表のことを真理値表（Truth Table）といいます．**図 1・1** は2入力1出力，3入力1出力の真理値表です．2入力の回路に対する真理値表は $2^2=4$ つの欄をもち，3入力の回路に対する真理値表は $2^3=8$ つの欄をもちます．

　さて，組合せ論理回路には AND, OR, NAND, NOR, NOT（インバータ）の5つの基本的な回路があります．これらを基本ゲートとここでは呼びます．AND, OR, NAND, NOR は2入力1出力が基本であり，NOT は1入力1出力です．まず，これらの真理値表を列挙します．

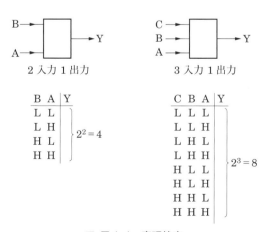

図 1・1　真理値表

B	A	Y
L	L	L
L	H	L
H	L	L
H	H	H

AND

B	A	Y
L	L	L
L	H	H
H	L	H
H	H	H

OR

B	A	Y
L	L	H
L	H	H
H	L	H
H	H	L

NAND

B	A	Y
L	L	H
L	H	L
H	L	L
H	H	L

NOR

A	Y
L	H
H	L

NOT（インバータ）

　真理値表は，全部の組合せについて書くので，誤解されるおそれがなく，ディジタル回路の機能を記述するためには一番正確な方法です．

　しかし，入力数が多くなると書くのが大変であり，また書かれた真理値表をみても，この回路がどういう意味をもち，どういう役割をするのか，さっぱりわかりません．例えば，前述の基本ゲートをみても，真理値表だけでは全くピンとこないと思います．そこで，より簡単かつ表現力豊かな方法が考えられました．その代表的なものが，ブール代数と MIL 記号法です．

　ディジタル回路を表現する方法として古くから用いられているのはブール代数です．このブール代数は非常に正確かつ有効な方法なのですが，人間の直感に訴えるものが少ないため，慣れないと間違いやすい方法です．これに対して，これから説明する MIL 記号法は非常に直感的な方法で，ブール代数のような論理学的正確さには欠けますが，最も理解しやすい，実際的な方法であると思います．

1・1・2　MIL 記号法とは

　MIL 記号法（Military Standard Specification）は，ディジタル論理回路を表すためにアメリカ軍が定めた記号法です．この方法は非常に簡単でわかりやすいもので，覚えなければならない記号は**図 1・2** に示すたった 4 つです．

（a）アクティブ-L　　（b）オール（all）　　（c）イグジスト（exist）　　（d）バッファ

図 1・2

(1) アクティブ-L　図 1・2(a) の丸（○）印は，この場所で自分が注目している記号が「L」レベルに意味があることを示します．ディジタル回路の設計者は「H」レベルに意味をもたせることもできますし，「L」レベルに意味をもたせることもできます．H レベルに意味があることをアクティブ-H，L レベルに意味があることをアクティブ-L といいます．MIL 記号法ではアクティブ-L の端子に○印をつけます．

(2) オール（all）　図 1・2(b) の記号は入力のすべてがアクティブであるときに出力がアクティブになることを示します．入力すべてがアクティブでなければならないことからここでは「オール（all）」と呼びます．ブール代数の●（「AND」）または論理学における∀の記号と相通ずるところがあります．

(3) イグジスト (exist) 図1・2(c) の記号は入力のどれか1つがアクティブであるときに出力がアクティブになることを示します。入力のどれかがアクティブであれば十分であるため「イグジスト (exist：存在するの意)」と呼びます。ブール代数の＋（「OR」）または論理学における∃の記号と相通ずるところがあります。

(4) バッファ 図1・2(d) の記号は論理的には意味をもちません。電気的駆動能力を上げるためのバッファの役割を果たします。

例として**図1・3**の記号はどんな意味をもっているか考えてみましょう。

入力は○印がありますのでアクティブ-L、出力は○印がないのでアクティブ-Hになり、またゲートは「オール」です。このため、この記号は次のような意味をもつことがわかります。

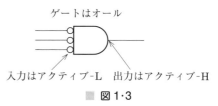

図1・3

「入力すべてがLレベルのときだけ出力はHレベルになる」

このようにMIL記号法はこの4つの記号を使って回路の意味を伝えることができます。

1・1・3 MIL記号法による基本ゲートの表現

MIL記号法の4つの記号を用いた基本ゲートを、次ページの**表1・1**にまとめましたので確認してみてください。

1・1・4 ド・モルガンの法則

いままで基本ゲートをMIL記号法で表してきて、おもしろいことに気づいた方もいらっしゃるかもしれません。NANDを例にとってみると、2つの考え方があります。

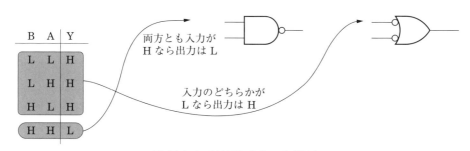

図1・4　NANDの2つの考え方

図1・4の記号をみると入力・出力ゲートの機能が全くひっくり返っていることがわかります。

これは、片方の考え方が真理値表のある部分に相当するとき、もう一方の考え方は真理値表の残りの部分に相当するので、よく考えてみるとあたりまえのことなのです。すなわち

　　　入力・出力のアクティブ-L → アクティブ-H
　　　　　　　　　アクティブ-H → アクティブ-L

1章　組合せ論理回路

■ 表1・1

[1] AND	この真理値表は2つの考え方があります． （i）「A, Bが両方ともHなら出力もH」		（ii）「A, Bどちらか一方がLなら出力もL」
B A | Y L L | L L H | L H L | L H H | H	入力：アクティブ-H　出力：アクティブ-H ゲートはオール		入力：アクティブ-L　出力：アクティブ-L ゲートはイグジスト
[2] OR	AND同様に2つの考え方があります． （i）「A, Bのどちらか一方がHなら出力もH」		（ii）「A, Bが両方ともLなら出力もL」
B A | Y L L | L L H | H H L | H H H | H	入力：アクティブ-H　出力：アクティブ-H ゲートはイグジスト		入力：アクティブ-L　出力：アクティブ-L ゲートはオール
[3] NOT	（i）「入力がHのとき出力がL」		（ii）「入力がLのとき出力がH」
A | Y L | H H | L			
[4] NAND	（i）「A, Bが両方ともHのとき出力がL」		（ii）「A, Bのどちらか一方がLのとき出力がH」
B A | Y L L | H L H | H H L | H H H | L	入力：アクティブ-H　出力：アクティブ-L ゲートはオール		入力：アクティブ-L　出力：アクティブ-H ゲートはイグジスト
[5] NOR	（i）「A, Bのどちらか一方がHのとき出力がL」		（ii）「A, Bの両方がLのとき出力がH」
B A | Y L L | H L H | L H L | L H H | L	入力：アクティブ-H　出力：アクティブ-L ゲートはイグジスト		入力：アクティブ-L　出力：アクティブ-H ゲートはオール

ゲートのオール→イグジスト

イグジスト→オール

にそれぞれひっくり返して作ったゲートはもとのゲートと同じ真理値表をもちます．このことをド・モルガンの法則といいます（**図1・5**）．

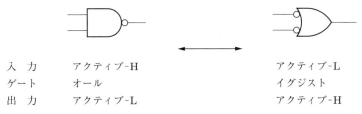

入　力	アクティブ-H	アクティブ-L
ゲート	オール	イグジスト
出　力	アクティブ-L	アクティブ-H

■ **図1・5　ド・モルガンの法則**

しかし，注意しなければならないことは，この2つのゲートが，同じ真理値表をもつからといって区別しなくてもよい，というわけではないことです．MIL記号法において

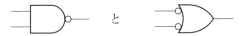

は明確に区別されなければなりません．

の記号は「入力が両方ともHのとき出力はLである」ということを

の記号は「入力のどちらかがLのとき出力はHである」ということを主張し，それぞれ主張するところが違うのです．このことがMIL記号法の表現力を高めているのです．

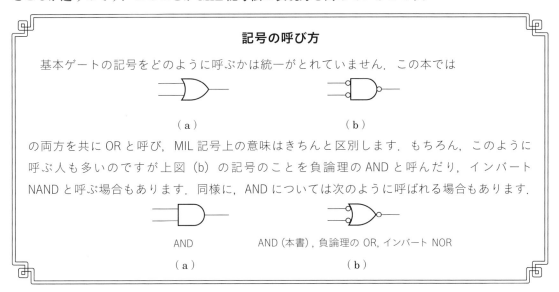

1・1・5 MIL記号の読み方

いままでの原則がわかるとMIL記号法で書かれた回路をすべて読むことができます．**図1・6**の回路を例にとり，回路を読むときの考え方を示します．

> 出力がアクティブになるのはどういうときかを考え，アクティブな記号を逆にたどる．

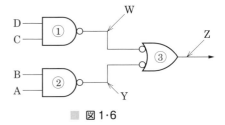

図1・6

(i) ゲート③は入力はアクティブ-L，出力はアクティブ-H，イグジストである．すなわち，Z=HになるためにはWかYかどちらかがLであればよい．

(ii) ゲート①は入力がアクティブ-H，出力はアクティブ-L，オールである．すなわち，D=H，C=HのときだけWがLになる．

(iii) 同様にY=LであるのはB=H，A=Hのときだけである．

(iv) したがって，次のような簡略化された真理値表が得られる．

D	C	B	A	Z
H	H	X	X	H
X	X	H	H	H
その他				L

X：HでもLでもどちらでもよい（don't care）．

この方法は，アクティブな信号を出力側からたどっていくもので，慣れると回路の働きをほとんど直感的に理解することができます．この方法は一番基本的なもので，次に示すテクニックも併用してみてください．

> ○印の出力に接続されている入力が全部○印である場合，この○印を入出力すべてについてとってしまっても全体の論理は変わらない．

先程の例で示すと**図1・7**のようになります．

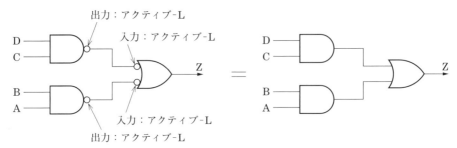

図1・7

このような変換を行うと回路が読みやすくなることがあります．

1・1 ディジタル回路の表し方の基本——MIL記号法

さて，MIL記号法を読む例題を1つやってみましょう．

▶▶ 例題 1.1 ◀◀

図1・8の回路の真理値表を書け．

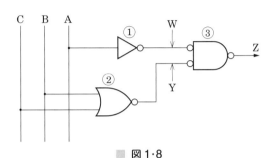

■ 図1・8

▶答◀ ③のゲートは出力アクティブ-L，オール，入力アクティブ-Lである．原則に従ってアクティブな信号を追っていく．③はオールなので，いま，ZがLになるのはW，YともにLになるときだけである．

(i) ①のゲートはインバータなので，WがLになるためにはAがHでなければならない．

(ii) ②のゲートは入力アクティブ-H，イグジストなのでYがLになるためにはBかCのどちらかがHであればよい．

したがって，省略した形の真理値表は次のようになる．

C	B	A	Z
H	X	H	L
X	H	H	L
その他			H

X：don't care　　LでもHでもよい．

きちんとした真理値表を書くと，次のようになる．

C	B	A	Z
L	L	L	H
L	L	H	H
L	H	L	H
L	H	H	L
H	L	L	H
H	L	H	L
H	H	L	H
H	H	H	L

さて，次はMIL記号を書く人の立場になってみましょう．

1・1・6　MIL記号を書くときの原則

　MIL記号は，読む人がアクティブな信号をたどっていくと，設計者の意図がわかるように書く必要があります．普通，設計者が注目している信号，すなわちアクティブな信号が途中で変わってしまうことはありません．したがって次のような原則があります．

> ○印は○印同士，○印のないところは○印のないところ同士を結ぶ．

　この原則を守ると，アクティブ-Lの出力はアクティブ-Lの入力に結ばれ，アクティブ-Hの出力はアクティブ-Hの入力に結ばれますので，読み手はアクティブな信号をたどりやすくなります．この原則を守らないと図1・6の例は，図1・9のように書かれます．このような図はZからスムーズにアクティブな信号をたどることはできません．

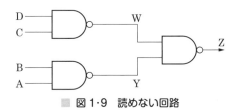

■ 図1・9　読めない回路

　しかし，これはあくまで原則であって，これに固執する必要はありません．次のように原則に合わない例を挙げることができます．

(1) 信号の発生源　いま，図1・10のようにある信号Aから，その反転出力を取り出すときW，Yのどちらかで，○印と○印のないところが結ばれます．これは後述の設計の話でたびたびお目にかかります．

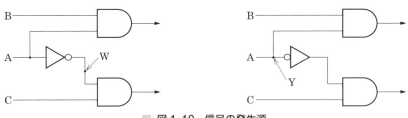

■ 図1・10　信号の発生源

(2) 抑　止　例えば，テレビの信号を考えてみます．いま，図1・11においてAの部分ではビデオ信号を作り，Bの部分ではブランク信号を作ります．ブランクが出ている間，ビデオ信号が出ないようにするためには，回路はブランク信号によってビデオ信号を抑止することになり，原則が守られなくなります．

　このほか原則が守られない場合はいろいろありますが，これらの場合，原則が守られなくても全

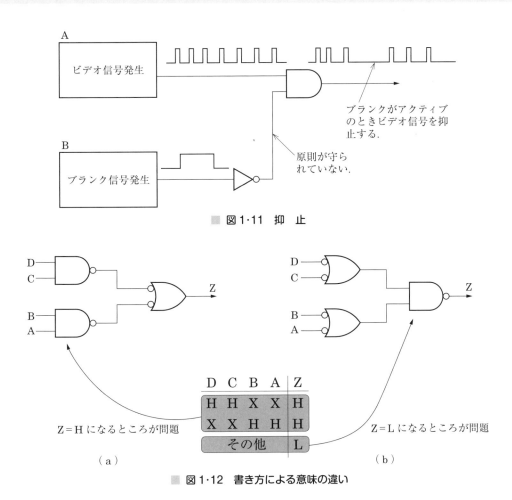

■ 図1・11 抑 止

■ 図1・12 書き方による意味の違い

くかまわないのです．MIL信号法においては

設計者の方針を表現する．

ということが大事で，このことが満たされれば，原則にはずれてもかまいません．逆に原則が守られている回路でも書き方によっては意味が違ってきます．

図1・12において（a），（b）は物理的には全く同じものですが，（a）の回路において設計者はこの回路は

「DとCが同時にHになるか，BとAが同時にHになればZ=Hになる」

ということを主張しており，（b）の回路においては

「DかCの片方がL，かつBとAの片方がLならばZ=Lになる」

ということを主張しているのです．

さて，以上で大体MIL記号法の読み方，書き方がわかるかと思います．次にちょっとした頭の体操をしてみましょう．

1・1・7 基本ゲートの変換

AND, OR, NOT, NAND, NOR のゲートは適当に組み合わせれば，ほかのゲートを作ることができます．特に NAND と NOR は，1種類だけでほかのすべてのゲートを作ることができます．

▶▷ **例題 1.2** ◁◀

NAND ゲートを用いて NOT, AND, OR を作れ．
▶答◁　NOT（図 1・13），AND（図 1・14(a)），OR（図 1・14(b)）．

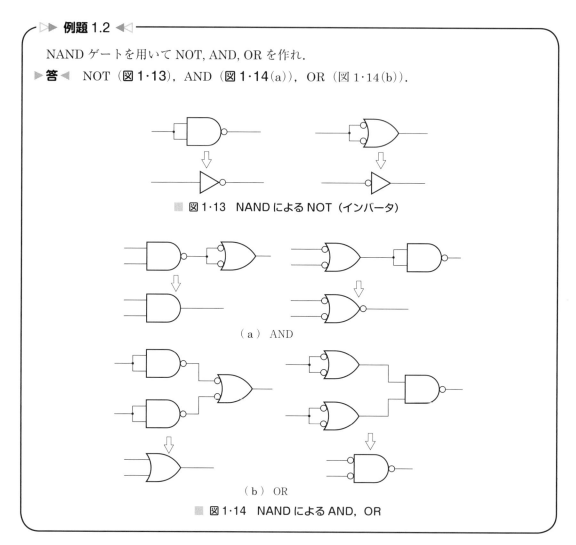

■ 図 1・13　NAND による NOT（インバータ）

(a) AND

(b) OR

■ 図 1・14　NAND による AND, OR

例題 1・2 は，まず NOT を作ってしまうのがコツです．NAND ゲート，NOR ゲートは両方の入力をくっつけるとそのまま NOT になります．また，NAND ゲート，NOR ゲートは片方の入力を H レベルまたは L レベルに固定しても NOT を作ることができます（図 1・15）．

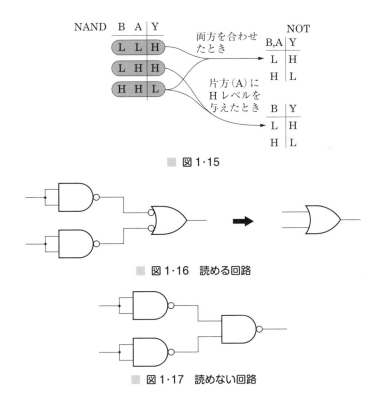

■ 図1・15

■ 図1・16 読める回路

■ 図1・17 読めない回路

　ここで注意しなければならないのは，このようなときでも MIL 記号の原則に従ったほうがよいということです．例えば，NAND を用いて OR を作るときも図1・16のように書くと，すんなりOR ゲートとして働くことが分かりますが，図1・17のようにすると，直感的には全くわからなくなってしまいます．
　さて，ここまでの知識で章末の演習問題の【1・1】から【1・4】までができますので，試してみてください．
　次にいよいよ設計の話に移ります．

1・2 最も容易な組合せ論理回路の設計法——加法標準形設計法

1・2・1 加法標準形設計法とは

　加法標準形設計法は真理値表が与えられて，それに従った論理回路を設計する場合，最も簡単な方法です．手順は次のとおりです．
　① 真理値表の H レベルが出力されている行をチェックする．
　② 入力信号とその反転信号を平行線で描く（反転記号は，記号の上に bar「—」を書いて表すのが普通）．

③ ①でチェックした行の入力信号について，Lの場合は反転記号から，Hの場合はもとの入力信号から線を引っぱりANDゲートに入力する．

④ それらのANDの出力をORで結ぶ．

▷▷ 例題 1.3 ◁◁

3入力の多数決回路を設計せよ．

▶答◀ 多数決回路はこの場合，C, B, Aの3入力中でLの数が多ければL，Hの数が多ければHを出力する回路である（**図1·18, 1·19**）．

①

C	B	A	Z
L	L	L	L
L	L	H	L
L	H	L	L
L	H	H	H ⅰ
H	L	L	L
H	L	H	H ⅱ
H	H	L	H ⅲ
H	H	H	H ⅳ

②

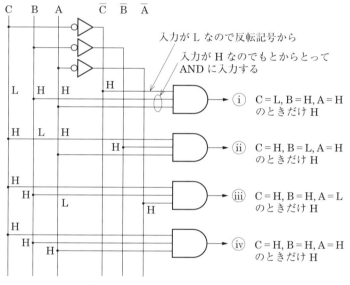

③ C, B, Aの入力およびその反転出力を書いておき，そこからそれぞれのHをAND回路を用いて個別に作る．

■ 図1·18

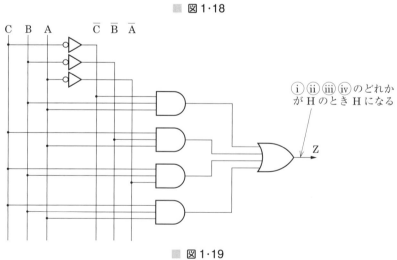

■ 図1·19

1·2 最も容易な組合せ論理回路の設計法──加法標準形設計法

▶▶ **例題 1.4** ◀◀

3入力のデータが0～7までの数字を表す．この入力の中から素数をみつける回路を考えよ．

▶答◀ 2進数との対応をつけるため，Lレベル＝「0」，Hレベル＝「1」と書くことにする．素数は2，3，5，7なので真理値表および回路は**図1·20**のようになる．

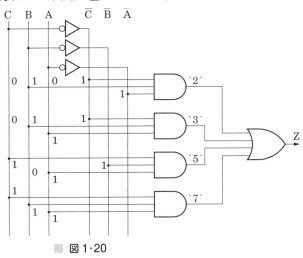

■ 図1·20

以後，この本では単純にLレベル＝「0」，Hレベル＝「1」として真理値表中で用います．

1·2·2 「0」をとる方法

真理値表の出力中に「0」のほうが少ない場合，こちらに注目したほうがゲート数は少なくてすみます．

▶▶ **例題 1.5** ◀◀

次の真理値表で示す出力を実現せよ．

C	B	A	Z
0	0	0	1
0	0	1	0
0	1	0	1
0	1	1	1
1	0	0	0
1	0	1	1
1	1	0	1
1	1	1	1

C = 0, B = 0 → A = 1
C = 1, B = 0 → A = 0

▶答◀ 出力はアクティブ-Lなので○印が必要である（**図1·21**）．

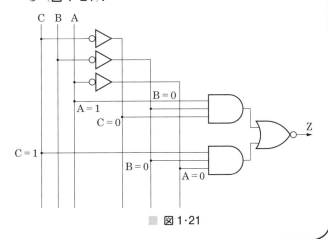

■ 図1·21

1・2・3 加法標準形設計法の利点と欠点

加法標準形設計法の利点は設計が簡単かつ機械的で，誰がやっても同じ結果が出る点です．また，常に NOT-AND-OR あるいは NOT-NAND-NAND で構成できるので，出力の遅延が3段分で済みます．しかし，やはりこの方法による回路はゲート数，入力数の点で無駄が多すぎるという欠点があります．すなわち

（ⅰ）　真理値表の出力における「1」の数だけ AND ゲートが必要である．
（ⅱ）　AND ゲートはすべて入力の信号線と同数の入力を必要とする．
（ⅲ）　真理値表の出力における「1」の数だけの入力数をもつ OR ゲートが必要である．

このため次の節に示す簡単化が行われます．

1・3　より簡単な回路を設計するために——カルノー図

1・3・1 簡単化のいろいろな方法

ディジタル回路の簡単化の方法としてはいろいろなものが知られています．基本的なものとしては

（ⅰ）　ブール代数による方法
（ⅱ）　カルノー図による方法

複雑な場合に関しては

（ⅲ）　クワイン・マクラスキの方法
（ⅳ）　Reush の方法

などがあり，それぞれの特徴を生かして用いられています．

かつて論理素子が高価であったころ，簡単化は設計を行ううえでの最優先課題でしたが，現在は LSI 技術の発展により論理素子の値段も安くなり，計算機上の CAD ツールが普及したため，人手による簡単化はあまり流行らなくなっています．しかしここでは，カルノー図による簡単化をしっかり勉強します．これは，カルノー図による簡単化をしっかり勉強すると，論理回路を読んだり設計したりするときの直感力が養えるためです．ブール代数による方法は直感的に理解しにくく，慣れないと間違いやすいので，ここでは取り上げないことにします．

1・3・2 カルノー図とは

加法標準形設計法の問題点は，真理値表上で H レベルの出力1つに対して1つの AND ゲートを割り当てる点にあります．このためにどうしても AND ゲートの数，入力数が増えてしまうのです．では，どうすればよいのかというと H レベルの「団体」に対して1つの AND ゲートを割り付けることができれば，簡単化が可能になります．

カルノー図は，特殊な2次元の真理値表で，AND ゲートを割り付ける H レベルの「団体」をみつけてやることができます．いままで H/L で書いてきましたが，ここからはカルノー図上でのみ

1・3 より簡単な回路を設計するために──カルノー図

やすさを重視して 1/0 で書きます．もちろん，これは単に記法の問題でこの本の原則通り H＝1，L＝0 です．

カルノー図を用いた簡単化は次のような順序で行われます．

> ① 真理値表の代わりにカルノー図に「1」，「0」を書き込む．
> ② ループでくくる．
> ③ ループに対応する AND ゲートの入力を読み取り，回路を構成する．

カルノー図は基本的には真理値表を 2 次元にしたものですが，順番に工夫が施されています．図 1・22 は 3 入力，4 入力に対するカルノー図ですが，この図を見ると縦横の値の順番が普通の 2 進数のように

$$00 \to 01 \to 10 \to 11$$

でなく

$$00 \to 01 \to 11 \to 10$$

になっていることがわかります．

10 と 11 を入れ替えただけですが，これがカルノー図の偉大な点で，このようにすると 1 ビットの変化だけで図 1・22 のように一巡することが可能になります．

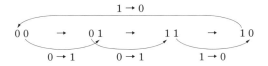

■ 図 1・22

もちろんこのように 1 ビット変化だけで一巡する順番はほかにも存在します．例えば，11 → 10 → 00 → 01 とやってもよいのですが，2 進数とできるだけ近いほうが自然なので 00 → 01 → 11 → 10 の順が一般的です．このように，カルノー図は上下，左右がエンドレスになっているのです．つまり紙に書くために上下，左右は離れてしまっていますが，1 番上と 1 番下，1 番左と 1 番右はやはり 1 ビット変化でいけるので，頭の中ではここはつながっているものとして考えなければなりません．このようにするとカルノー図上で縦でも横でも「1」が 2 つ並んだ場合，その 2 つの「1」の間には入力が 1 ビット変化しただけという関係が生じます．このことを利用して，

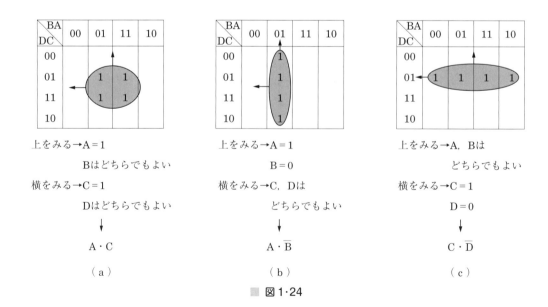

図1・23

「1」の「団体」をみつけてやるわけです．図1・23をみてください．

図1・23(a)は横に2つ並んだ例ですが，上をみると

　　　入力 B=0，A=1 と B=1，A=1

であることがわかります．このカルノー図上の2つの「1」はA=1という点が共通であり，Bが1か0かという点が異なっています．いま，このカルノー図上の2つの「1」をまとめて1つの団体と考えると，次のような性質があります．

　　　「A=1，C=1，D=0であり，Bは1でも0でもどちらでもよい」

「1でも0でもどちらでもないなら，Bという入力はあってもなくても同じなので省略してしまう」というのがカルノー図を用いた簡単化の基本的方針です．同じように縦に2つ「1」が並んだ図(b)の場合を考えてみましょう．これは

　　　「A=1，B=0，C=1であり，Dは1でも0でもどちらでもよい」

ということがわかり，Dが省略可能です．いま，ことばで前に述べていたことをいちいち表現するのは大変なので，次のような記号を用います．

　　　A=1，C=1，D=0である「1」の団体→ $A \cdot C \cdot \overline{D}$

図1・24

A＝1，B＝0，C＝1である「1」の団体→ A・$\overline{B}$・C

つまり1である入力の記号はそのまま書き，0である入力の記号は上にbar「―」をつけて（これは加法標準形設計法の反転出力につけたbarと同様です），並べて書けばよいのです．では今度は1が4つ並んだ例（**図1・24**）を考えてみましょう．

例をみるとわかるように1が4つ並んだときは入力が2つ減っています．さて，次にいろいろな場合の例を示します．カルノー図は上下，左右は頭の中につなげて考えられるため**図1・25**(a)，(b)，(c) のような簡単化が可能です．

そのほか，1が8つの例などを**図1・26**に示します．

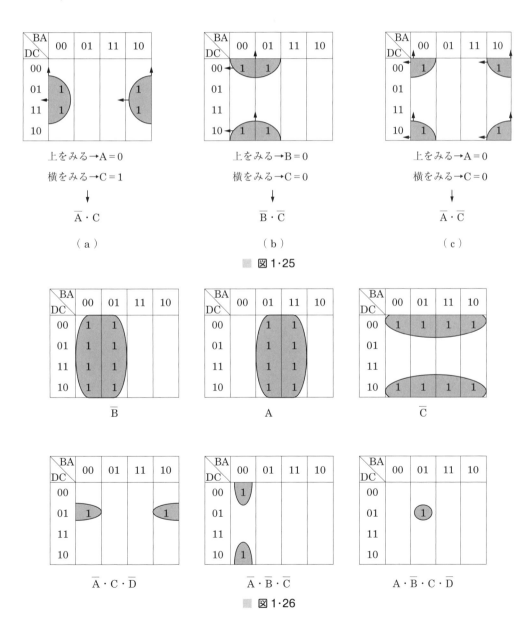

図1・25

図1・26

1章 組合せ論理回路

1・3・3 カルノー図を用いた簡単化の方法

では，次に例題をもとにしてカルノー図による簡単化の方法を実際にやってみましょう．

▶▶ **例題 1.6** ◀◀

2進数の0～15までのうち素数（2，3，5，7，11，13）を検出する回路を設計せよ．

▶ **答** ◀　① カルノー図に「1」を書き込む．

2進数0～15は4ビットを用いて表すことができる．上のケタから順にD，C，B，Aとすると図1・27のようになる．

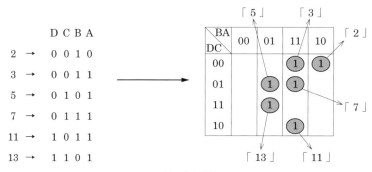

■ 図1・27

② ループでくくる．

いま，書き込んだ「1」を簡単化できるもの同士をまとめていく．この作業を「ループでくくる」と称す．入力を省略し簡単化を行うためには次のような原則に従って，ループで「1」をくくらなければならない．

「ループは縦，横ともに$2^0=1$，$2^1=2$，$2^2=4$のいずれかの値をとる長方形でなければならない」

例えば，図1・28のようなくくり方をしても，1でも0でもどちらでもよくなる入力が出てこないため，簡単化を行うことができない．

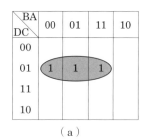 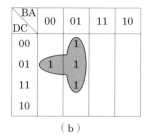 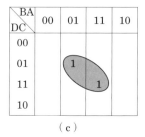

　　（a）　　　　　　　　（b）　　　　　　　　（c）

■ 図1・28　だめな例

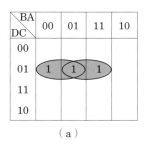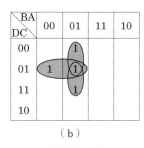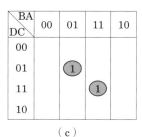

■ 図 1・29

ループは重なり合ってもかまわないため，これらの例は図 1・29 のようにするのが正解である．

ループでくくる際の原則の 2 番目として次のようなものがある．
「ループはできるだけ大きくし，全体としてループの数はできるだけ少なくすること」

加法標準形設計法は，カルノー図の 1 つの「1」に対応して 1 つの AND ゲートを割り当てる方法であった．これに対してカルノー図による簡単化は，共通した入力をもつ「1」をいくつかまとめてループでくくり，そのループ 1 つに対して AND ゲートを割り当てる方法である．このため

　　　　　ループの数を減らす：AND ゲートの数を減らす
　　　　　ループを大きくする：AND ゲートの入力数を減らす

ことに対応する．

さて，図 1・27 のカルノー図をループでくくってみよう．

図 1・30(a) のくくり方，同図 (b) のくくり方とともに面積 2 のループを 4 つ必要とする．これはどちらも正解で，両方ともこの問題においては最高の解答である．このように，一般的な簡単化はその答が唯一には定まらない．

③　ループに対応する AND ゲートの入力を読み取り，回路を構成する．

図 1・30(a) のループを読み取ると図 1・31 のようになる．あとは加法標準形設計法と同様に，回路を構成する（図 1・32）．

図 1・30(b) の例では図 1・33 のようになる．

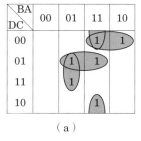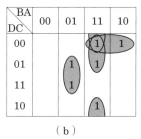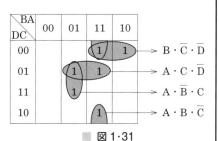

■ 図 1・30　　　　　　　　　　　　　　　　　　　　■ 図 1・31

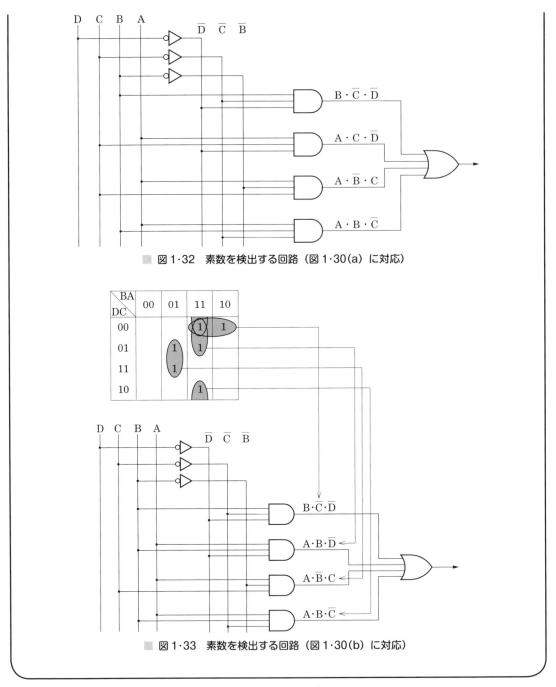

図 1・32 素数を検出する回路（図 1・30 (a) に対応）

図 1・33 素数を検出する回路（図 1・30 (b) に対応）

章末の問題でくくり方の練習を行い慣れておきましょう．

1・3・4 禁止入力がある場合

設計を行う場合，あり得ない入力が存在する場合があります．このような入力のことを禁止入力といいます．あり得ない入力に対しては 0 を出しても，1 を出してもかまわない (don't care) ため，

このことを利用すると回路がずっと簡単になる場合があります．

▷▶ **例題 1.7** ◀◁

電卓やディジタル時計には，**図 1・34** のような 7 セグメント表示器が用いられる．この表示器を同図のように点灯させる回路（7 セグメントデコーダ）を設計せよ．

ただし，1010　1011　1100　1101　1110　1111 の 6 つの入力はあり得ないものとする．

■ 図 1・34　7 セグメント表示器

▶**答**◀　セグメント f についてのカルノー図は**図 1・35** に示すようになる．図中の−印は 0 でも 1 でもよい（don't care）ことを示す．

したがって，回路は**図 1・36** のようになる．

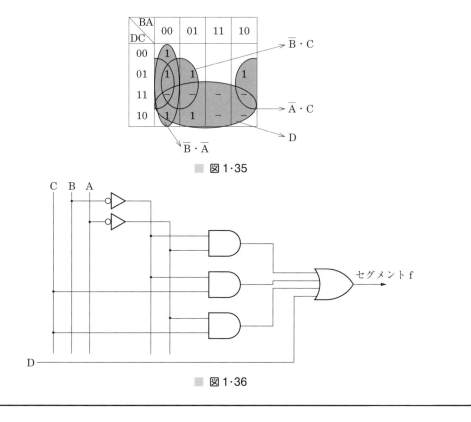

■ 図 1・35

■ 図 1・36

このようにdon't careの場所は0とすることも1とすることも可能なので有効に利用してループの面積を大きくし、数を減らしてみましょう．例題1.7中のf以外のセグメントは皆さんでやってみてください．実際の7セグメントコーダはこのような設計では作られませんが、カルノー図を用いた練習問題としてはおもしろいと思います．

1・3・5 やや高度なテクニック

いままでに示した方法はカルノー図を用いた簡単化のテクニックのうちの一部を述べたもので、このほかにもいろいろなテクニックがあります．例を少し挙げましょう．

(1)「0」をくくる 「1」をループでくくるより「0」をくくったほうが簡単になる場合もあります．この場合，最後の出力をアクティブ-Lで出すこと以外は「1」をくくるときと同じです．図1・37にこの例を示します．

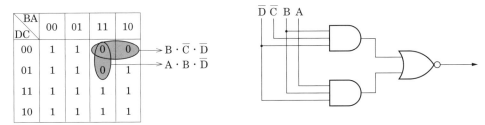

図1・37 「0」をくくる場合

(2) Exclusive-OR を用いる 基本ゲートの中には入れませんでしたが、Exclusive-OR（排他的論理和）と称するゲートが存在し、ときに非常に便利です．図1・38に記号と真理値表を示します．このゲートはA，Bの2つの入力が一致すれば「L」，一致しなければ「H」を出す性質があります．

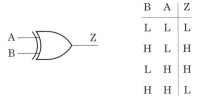

図1・38 Exclusive-OR ゲート

このゲートを次のように組み合わせると、図1・39のようにカルノー図上では、格子状に「1」と「0」が並びます．これはすなわち共通のループでくくる場合では「はしにも棒にもかからない」場合であり、このようなカルノー図を簡単に作ることができるExclusive-ORはゲート数を減らす点で有効です．

1・3 より簡単な回路を設計するために――カルノー図

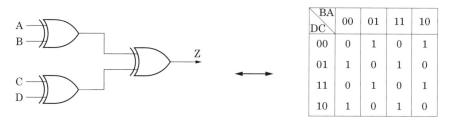

図1・39 Exclusive-OR のカルノー図

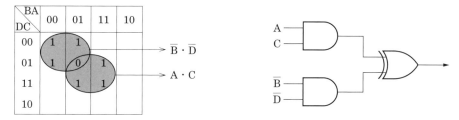

図1・40 Exclusive-OR を用いた簡単化

例えば，図1・40 のカルノー図は Exclusive-OR を用いると，ぐっと簡単になります．
そのほか，余っているゲートを転用したり，同じ種類のゲートだけで構成するための方法などさまざまなテクニックがありますが，ここで最初に述べた方法は加法標準形設計法と同様 AND-OR，または NAND-NAND で規則的に構成できる強みがありますので，基本的にはこの方法をマスターし，自分で設計する際に工夫してみるのがよいと思います．

1・3・6 カルノー図の限界

最後にカルノー図の限界について簡単に触れておきます．
（ⅰ） カルノー図は5入力（6入力）が精いっぱいで，それ以上はお手上げである．
カルノー図で平面的にループでくくることができるのは4入力までです．では5入力に対してはどうするかというと，次の図1・41 に示すように4入力のカルノー図を2枚作ってこれを頭の中で重ねるのです．

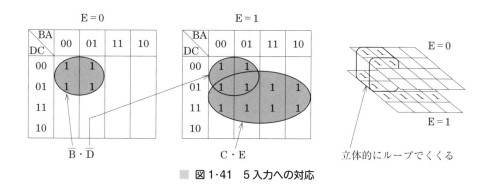

図1・41 5入力への対応

これは相当大変な作業です．

6入力となるとこれを4枚重ねにする必要がありますので，こうなると人間業とも思われなくなります．入力が多い場合はCADにまかせてしまいます．

（ii）　複数入力，複数出力の簡単化は不可能である．

カルノー図は出力に対して1枚書くために複数出力がある場合，1つ1つの出力については簡単化されていても，全体として無駄が残されている場合があります．カルノー図に限らず，複数入力，複数出力の簡単化はどんな方法を用いても困難で，人間の勘と計算機を用いた膨大な試行錯誤が頼りです．最近は相当高度なCADツールが利用できるので，簡単化は計算機上でCADまかせにします．

1・4 ブール代数への変換

いままで紹介してきたMIL記号に基づく回路図による表現は，ぱっとみて機能がわかりやすく，実際のゲートとその間の配線に対応する利点がありますが，コンパクトに書くためには記号を使った式で書くほうが便利です．このために広く用いられている方法がブール式です．MIL記号法で描かれた回路図は以下の手順で簡単にブール式に変換することができます．

（i）　**ステップ1**

1・1・5項でみた「○印と○印が結ばれている場合，両方の○印をとっても論理は変わらない」という規則を使って，できる限り○印をとる．

（ii）　**ステップ2**

入力側から次の3つのルールを使って，入力から出力に向かって式を作っていく．

　　ルール1：ゲートについてオールが出てきたら「・」，イグジストは「＋」，Exclusive-ORは「⊕」の記号で入力の式を結合する．式の優先順位は・の方が＋や⊕よりも高い．このためORやExclusive-ORが入力に近いほうに出てきたら，対応する式は（　）を付ける．

　　ルール2：入力について，アクティブ-Lならばその入力に対応する記号の上にバーをつける．

　　ルール3：出力がアクティブ-Lならば式全体にバーの記号をつける．

また，カルノー図を用いて簡単化する場合は，それぞれのループに対応する記号のそれぞれを項として，これらをすべて＋でつなげば，ブール式を得ることができます．

図1・42にいくつかの例を示しますので参考にしてください．大変簡単なのがわかると思います．逆の手順でブール式は簡単に回路図に変換できます．

このようなブール式は後に紹介するハードウェア記述言語で，もっとも細かいレベルを記述するときに使います．

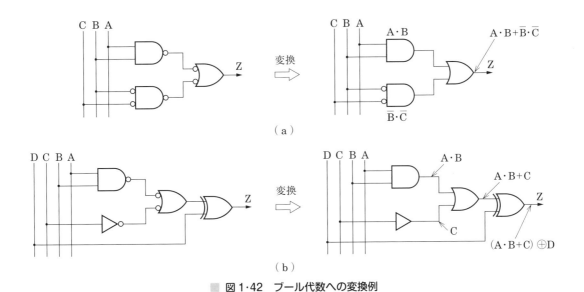

図1・42　ブール代数への変換例

1・5 いろいろな組合せ論理回路

1・5・1 組合せ論理回路のビルディングブロック

　いままで勉強してきたことは，どのような組合せ論理回路でも設計できる一般的な方法です．しかし，実際に大規模なディジタル回路を設計する場合は，よく使う回路を標準的な部品（ビルディングブロック）として考えて，その組合せで作ることがほとんどです．このため，よい設計ができるかどうかは，よく使われるビルディングブロックの性質を理解してこれを使いこなすことにあります．ここまでは昔もいまも同じです．

　1990年代まで，ビルディングブロックは，74シリーズと呼ばれる汎用ディジタルICの形でまとめられていました．74シリーズは1960年代のはじめにアメリカのテキサス・インスツルメンツ（TI）社によって開発され，後に規格が統一されたため，番号が同じならば同じ機能と同じピン配置をもちます．ディジタル回路はこのICを基板上に装着して配線して実現しました．いままでに勉強してきた基本ゲートに対応する74シリーズのゲートを図1・43に示します．これらの基本ゲートと標準モジュールのICに相当する記号を使って回路図を描き，対応するICをプリント基板上に装着し，ディジタル回路を実現しました．このような設計手法をスケマティック設計と呼びます．汎用ディジタルICを用いたスケマティック設計は，1990年代のはじめ頃までディジタル回路の製品に広く使われました．現在でも一部の製品は，限られた用途で生き残っています．

　これに対して，現在はプログラミング言語に似たHDL（Hardware Description Language：ハードウェア記述言語）を用いて，標準的なモジュール間でデータがどのように記憶され，どのように流れるかを記述するRTL（Register Transfer Level）の設計が主流になりました．実際の設計現

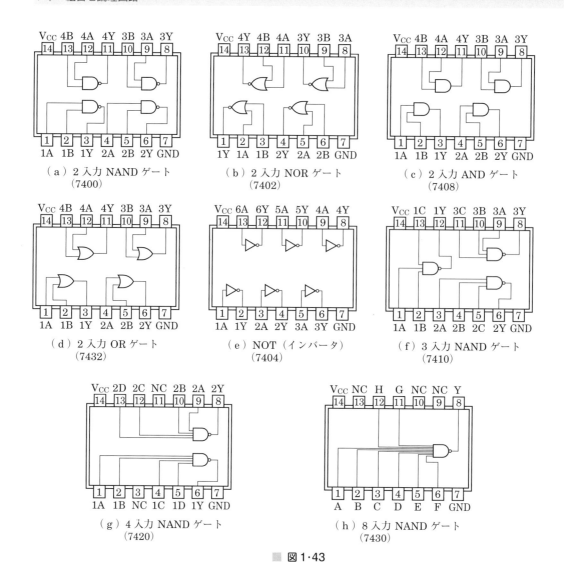

図1・43

場ではVerilog HDLとVHDLという2種類のHDLがよく用いられます．HDLで記述された設計は，小規模のICを基板上に並べて配線するのではなく，5章で紹介するプログラム可能なICを用いて実現される場合が増えています．プログラム可能なICの中でも，大規模なFPGA（Field Programmable Gate Array）は安価で簡単に多数のゲートを実装でき，1チップ上にディジタルシステム全体を搭載できるようになっています．これとともに，ここに紹介するビルディングブロックよりも，もっと大きな単位のハードウェア回路モジュールが標準化されて使われます．これをIP（Intellectual Property）と呼びます．ビルディングブロックやIPの利用は，設計の工数と設計上のミスを減らすためにも重要です．

　昔といまのディジタル回路の実装法の違いを図1・44に示します．

　さらに最近は，ハードウェアがどのように動作するかを記述するだけで，自動的に回路を生成す

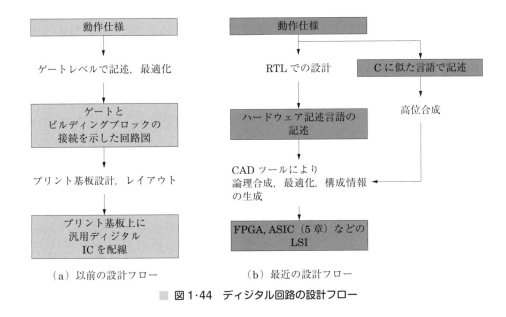

■ 図 1・44　ディジタル回路の設計フロー

る HLS（High-Level Synthesis：高位合成）も普及しています．

　このようにディジタル回路の設計技術は移り変わっているのですが，本書では古典的な 74 シリーズを例に取ってビルディングブロックを紹介していきます．ディジタル回路の基本なビルディングブロックの種類とその重要度は昔もいまもほとんど変わっておらず，具体的な IC のイメージが明確な方がわかりやすいためです．実際に HDL で設計を行う方のためには，本書の記述と 1 対 1 対応する Verilog HDL 記述とそれについての解説を天野研究室ホームページ（http://www.am.ics.keio.ac.jp/darenimo/）上に用意しましたので，そちらをご覧ください．

1・5・2　演算回路（加算器，減算器，ALU）

　ディジタル回路において，基本的な演算は加算と減算です．乗算・除算の回路はずっと複雑になり，たいていは順序回路を用いる必要があります．乗算，除算は加算・減算のくり返しによって実現されるのです．この本では加算器・減算器のみを取り扱うことにします．

(1) 加 算 器　いままで紹介してきた設計法で 2 進数の加算器を作ろうとすると，足し合わせる 2 つの数のケタ（0 章で紹介したように 2 進数の 1 ケタを bit：ビットと呼びます）数分の入力をもつ真理値表が必要になります．例えば，4 ビットの数同士を足そうとすると 8 入力必要で，真理値表の行は $2^8 = 256$ となり，ゲート数は膨大なものとなります．ところが，現実には 32 ビット（またはそれ以上）同士を足す回路が必要になるので，とてもこの方法では実現できません．

　そこで，通常加算器は人間が手で計算するときのように 1 ケタごとの足し算を行って，ケタ上げを考えて順番に下のケタから計算していきます．1 ケタの 2 進数の加算は基本的には次のような 4 つの場合を実現すればよいのです．

$$0+0=0 \quad 0+1=1 \quad 1+0=1 \quad 1+1=1\,0$$

↑ケタ上げ（キャリ）

真理値表は**図1·45**のようになり，加法標準形設計法により次のように実現できます．

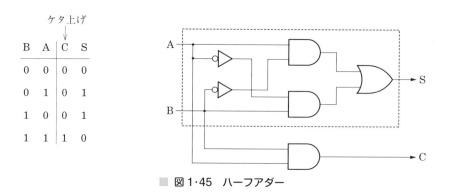

■ 図1·45　ハーフアダー

図1·45の回路のSの部分は1·3·5項に述べたExclusive-ORと動作が同じなので点線の部分をすっぽりExclusive-ORゲートに置き換えることが可能です．この回路は半加算器（ハーフアダー）と呼ばれます．なぜハーフなのかというと，この回路は実は加算器としては半人前で，ケタ上げ入力がないためこれを単純に並べただけでは多ケタの加算が不可能だからです．多ケタの加算を行うためには**図1·46**に示すような全加算器（フルアダー）が必要です．

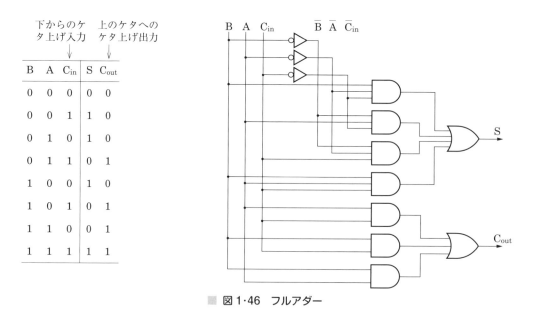

■ 図1·46　フルアダー

図1·47に示すのはこの全加算器を4ケタ分接続して作られている74283です．

加算器において問題になるのはケタ上げの伝搬です．いま，1ケタ分のケタ上げ出力が決定する

1・5 いろいろな組合せ論理回路

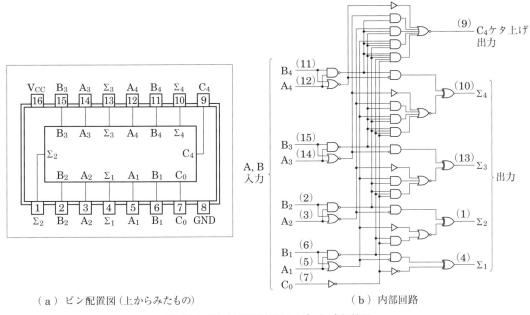

(a) ピン配置図（上からみたもの）　　　　　　　　　(b) 内部回路

図1・47　74283（フルアダー）全加算器

までの時間を t_{pd} とすると，1番上のケタの値が定まるまで図1・48(a)のように $4 \times t_{pd}$ だけの時間がかかります．この遅れはケタ数が大きくなればなるほど大きくなります．このような方式をリプルキャリ（順次ケタ上げ）方式といいます．この方式の遅れを防ぐため同図(b)のように部分和のケタ上げを先取りするキャリルックアヘッド（ケタ上げ先見）方式があります．74283はチップ内ではケタ上げ先見方式を採用しています．図1・47(b)で上のケタほど複雑な回路になっているのはこのためです．

図1・48をみると，(a)のリプルキャリ方式に比べて(b)のキャリルックアヘッド方式は動作

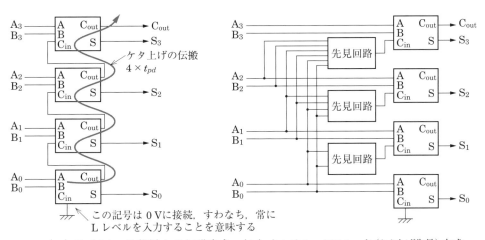

(a) リプルキャリ（順次ケタ上げ）方式　　(b) キャリルックアヘッド（ケタ上げ先見）方式

図1・48　4ケタのフルアダー

速度を上げるために，複雑になって回路規模が大きくなってしまうことがわかります．動作速度を上げようとすると回路規模が大きくなり，回路規模をコンパクトにしようとすると動作速度が下がってしまいます．このように片方が立てば片方が立たなくなる関係をトレードオフと呼びます．加算器は長年の研究の結果，トレードオフについてのさまざまな要求を満足させるためにさまざまな構成法が開発され，非常に奥が深いです．ご興味のある読者は文献†などをお読みください．

〔2〕減　算　器　2進数で減算を行う場合の方式が用いられます．
（ⅰ）　引く数の1と0をひっくり返す（1の補数を作る）．
（ⅱ）　（ⅰ）に1を加える（2の補数を作る）．
（ⅲ）　加算を行う．このとき1番上のケタ上がりは無視する．

〈例〉　　　　13 − 6
　　　　　　＝ 1 1 0 1$_{(2)}$ − 0 1 1 0$_{(2)}$
　　　　引く数6の2の補数を作る．

　　　　　　　　1と0を反転　　　　　　　　＋1
　　0 1 1 0 ────────→ 1 0 0 1 ────→ 1 0 1 0

したがって，加算器を利用して減算を行うことができます．引く数を反転して1加えればよいのですから，**図1·49**の回路でA−Bが実現できます．

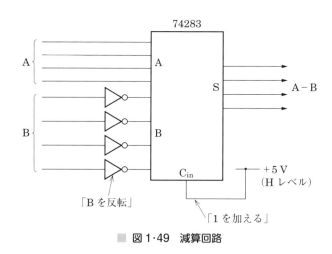

■ 図1·49　減算回路

　1·3·5項で説明したExclusive-ORゲートはその片方の入力を「1」に固定するとインバータになり，「0」に固定するとただのバッファになります．このことを利用すると**図1·50**に示すような加減算器が実現できます．

---

† 宇佐美公良・池田誠・小林和淑（監訳）：ウェスト＆ハリス CMOS VLSI 回路設計 応用編, 第11章, 丸善出版（2014）

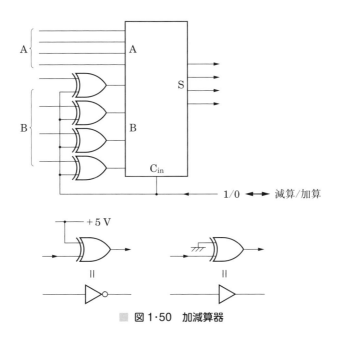

■ 図1・50 加減算器

〔3〕ALU 加減算のみならず，AND，OR，Exclusive-OR などの論理演算も1つの標準モジュールで実行できたら非常に便利です．このことを目的に作られたのが ALU（Arithmetic Logic Unit：算術論理部）です．代表的な 74181 を**図1・51**に示します．動作を示すファンクションテーブルをみてください．非常に盛りだくさんの機能があり，それを S_0〜S_3, M, $\overline{C_n}$ の6つのコントロール端子で選択します．

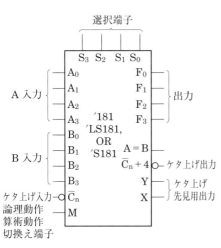

ファンクションテーブル

選択端子				M=H 論理動作	M=L 算術演算	
S_3	S_2	S_1	S_0		$\overline{C_n}$=H	$\overline{C_n}$=L
L	L	L	L	$F=\overline{A}$	$F=A$	$F=A$ PLUS 1
L	L	L	H	$F=\overline{A+B}$	$F=A+B$	$F=(A+B)$ PLUS 1
L	L	H	L	$F=\overline{A}B$	$F=A+\overline{B}$	$F=(A+\overline{B})$ PLUS 1
L	L	H	H	$F=0$	$F=$ MINUS 1 (2's COMPL)	$F=$ ZERO
L	H	L	L	$F=\overline{AB}$	$F=A$ PLUS $A\overline{B}$	$F=A$ PLUS $A\overline{B}$ PLUS 1
L	H	L	H	$F=\overline{B}$	$F=(A+B)$ PLUS $A\overline{B}$	$F=(A+B)$ PLUS $A\overline{B}$ PLUS 1
L	H	H	L	$F=A\oplus B$	$F=A$ MINUS B MINUS 1	$F=A$ MINUS B
L	H	H	H	$F=A\overline{B}$	$F=A\overline{B}$ MINUS 1	$F=A\overline{B}$
H	L	L	L	$F=\overline{A}+B$	$F=A$ PLUS AB	$F=A$ PLUS AB PLUS 1
H	L	L	H	$F=\overline{A\oplus B}$	$F=A$ PLUS B	$F=A$ PLUS B PLUS 1
H	L	H	L	$F=B$	$F=(A+\overline{B})$ PLUS AB	$F=(A+\overline{B})$ PLUS AB PLUS 1
H	L	H	H	$F=AB$	$F=AB$ MINUS 1	$F=AB$
H	H	L	L	$F=1$	$F=A$ PLUS A*	$F=A$ PLUS A PLUS 1
H	H	L	H	$F=A+\overline{B}$	$F=(A+B)$ PLUS A	$F=(A+B)$ PLUS A PLUS 1
H	H	H	L	$F=A+B$	$F=(A+\overline{B})$ PLUS A	$F=(A+\overline{B})$ PLUS A PLUS 1
H	H	H	H	$F=A$	$F=A$ MINUS 1	$F=A$

PLUS ：加算　　　　A+B：AとBのOR
MINUS：減算　　　　A⊕B：AとBのExclusive-OR
AB　 ：AとBのAND　　$\overline{A}$　：AのNOT

■ 図1・51　74181（ALU）

> **例題 1.8**
>
> 74181 に A と B の加算を行わせるにはどうすればよいか．また，減算を行わせるにはどうすればよいか．
>
> ▶**答**◀　ファンクションテーブルから F＝A PLUS B と F＝A MINUS B を探す．
>
> $S_3\ S_2\ S_1\ S_0\ M\ \overline{C_n}$
>
> H L L H L H →加算（F＝A PLUS B）
>
> L H H L L L →減算（F＝A MINUS B）

例題 1.8 において F＝A＋B，F＝AB はそれぞれ OR と AND のことなので間違わないように注意しましょう．さて，74181 はこのように多くの機能をもちますが，重複もあり，また不要な機能も多いため機能を整理し，かつ高速化した IC が作られました．これが 74381 で，図 1・52 に示すように 8 つしか機能をもちませんが，実はこれで十分なのです．

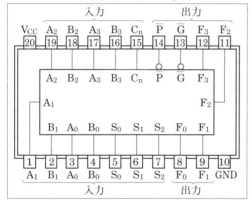

■ 図 1・52　74381（ALU）

1・5・3　デコーダ（復号器）

いま，例えば図 1・53 のように C，B，A の 3 本の信号線があるとすると，その線は $2^3＝8$ 通り（0～7）までの数値をとることができます．その数を解読（デコード）し，どの数が来たのかを示す回路がデコーダです．3 入力のデコーダは 8 つの出力をもっており，図 1・53 のように来た数に対応した出力がアクティブ（普通は L）になります．

さて，図 1・54 に代表的なデコーダである 74138，74139 のファンクションテーブルを示します．このへんで IC の機能を示すファンクションテーブルの読み方の勉強をしておきましょう．同図の中の 74138 のファンクションテーブルをみてください．テーブル上で X 印のついているものは

1·5 いろいろな組合せ論理回路

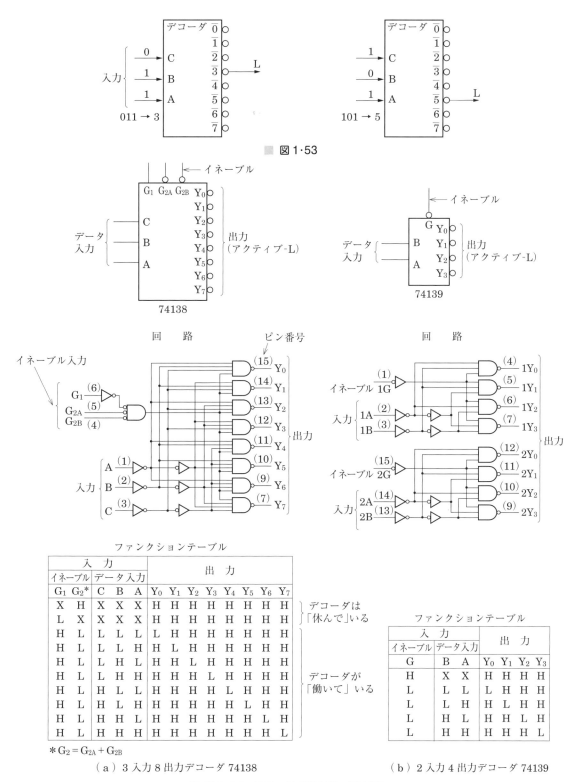

(a) 3入力8出力デコーダ 74138　　(b) 2入力4出力デコーダ 74139

図1·54　デコーダ (74138, 74139)

1章　組合せ論理回路

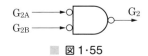
図1・55

don't care＝「1でも0でもかまわない」です．例えば，74138においてG_1＝Lならば，ほかの入力がどうあろうと（Xで表されている）出力Y_0～Y_7は全部Hである．すなわち，アクティブでないということがわかります．G_2＝Hのときも同様です．すなわち，G_1，G_2はデコーダ74138を働かせるか休ませるか決める端子であることがわかります．このような端子のことをイネーブル端子と一般に呼びます．さて74138の場合，テーブルの下に小さく

$$G_2 = G_{2A} + G_{2B}$$

と書いてあります．これはG_2はG_{2A}，G_{2B}のORであるということでMIL記号法で書くと図1・55のようになります．74138がデコーダとして働くためにはG_2＝Lでなければならないので結局
「G_1＝H，G_{2A}＝L，G_{2B}＝Lのときにのみ74138はデコーダとして働く」
ということがわかります．この3本のイネーブル端子は一見バカバカしいようですが，実際に使ってみるとおそろしく役に立つことがわかります．さて，74138のファンクションテーブルの3行目以降はC，B，Aの入力の2進数に対応する出力がLになっており，デコーダとして働いていることがわかります．74139は2→4デコーダが2個入っているものでイネーブル端子はGだけでずっと簡単になっています．同様にファンクションテーブルにより動作を確認してみてください．

この本ではマイクロコンピュータについてはほとんど触れませんが，デコーダはマイクロコンピュータのメモリシステムを構築するうえで，よく用いられるビルディングブロックです．デコーダに関する例題をいくつか示します．

▶▶ **例題 1.9** ◀◀

図1・56の回路はA_0～A_5がどのような値のとき出力Zがアクティブになるか．

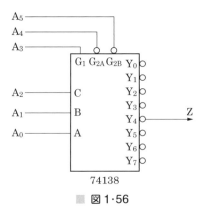
図1・56

▶答◀　74138 がデコーダとして動作するためには
　　　　$A_5 = 0$，$A_4 = 0$，$A_3 = 1$
である必要がある．

さらに Y_4 がアクティブになるためには $A_2 \sim A_0$ が $100 \to 4$ でなければならない．

したがって，

　　　　A_5 A_4 A_3 A_2 A_1 A_0
　　　　 0　 0　 1　 1　 0　 0

となる．

▶▶ **例題 1.10** ◀◀

図 1・57 の回路において，$A_0 \sim A_5$ がどのような値のとき，出力 Z はアクティブになるか．

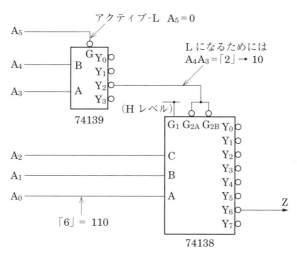

図 1・57

▶答◀　A_5 A_4 A_3 A_2 A_1 A_0
　　　 0　 1　 0　 1　 1　 0

章末の演習問題に挑戦してみてください．デコーダ回路に慣れると，マイクロコンピュータ関係の回路の図面を読むのが楽になります．

1・5・4 エンコーダ（符号化器）

デコーダと逆の働きをするのがエンコーダで，図 1・58 に示すようにアクティブになった入力の数字を符号化して出力します．

デコーダの場合，入力のすべての場合について 1 つの出力が決定されるので問題はありませんが，エンコーダの場合アクティブな入力がいっぺんに 2 つ来る場合があります．

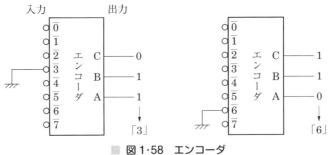

■ 図1·58 エンコーダ

図1·59のような場合,「2」を出してよいか,「5」を出してよいか悩んでしまいます.そこで普通エンコーダには,入力の優先順位(プライオリティ)が決定されています.

図1·60に代表的プライオリティエンコーダ74148を示します.

74148は出力もアクティブ-Lなのでややわかりにくいですが,ファンクションテーブルをみてください.入力7がLのときはほかの入力がどうあろうと出力は000(「7」=111の反転)が出力されます.すなわち,7が一番先順位が高く,数字が小さくなるにつれて優先順位も低くなっているということがわかります.またEIはエンコーダのイネーブル端子,GSは入力が来たかどうかを示す端子であることがわかります.EOは多数のエンコーダを並べて接続し,多数の入力を取り扱う場合に用います.

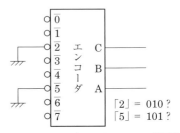

■ 図1·59 プライオリティの必要性

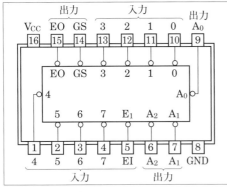

ファンクションテーブル

入力									出力				
EI	0	1	2	3	4	5	6	7	A_2	A_1	A_0	GS	EO
H	X	X	X	X	X	X	X	X	H	H	H	H	H
L	H	H	H	H	H	H	H	H	H	H	H	H	L
L	X	X	X	X	X	X	X	L	L	L	L	L	H
L	X	X	X	X	X	X	L	H	L	L	H	L	H
L	X	X	X	X	X	L	H	H	L	H	L	L	H
L	X	X	X	X	L	H	H	H	L	H	H	L	H
L	X	X	X	L	H	H	H	H	H	L	L	L	H
L	X	X	L	H	H	H	H	H	H	L	H	L	H
L	X	L	H	H	H	H	H	H	H	H	L	L	H
L	L	H	H	H	H	H	H	H	H	H	H	L	H

EI:イネーブル端子

■ 図1·60 74148(エンコーダ)

1·5·5 データセレクタ(選択回路)

図1·61のようにA,B 2つの入力があり,あるときはAの入力を,あるときはBの入力を出力Yに出してやりたいことがあります.

1・5 いろいろな組合せ論理回路

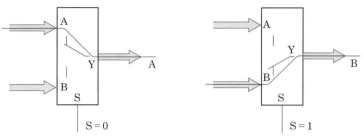

■ 図1・61 データセレクタの動作

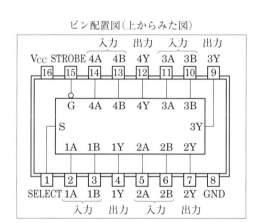

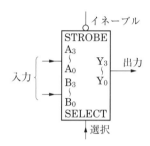

■ 図1・62 4ビット2入力1出力データセレクタ74157

このようにデータの流れを切り換えるスイッチのような働きをするビルディングブロックがデータセレクタです．またはマルチプレクサといいます．図1・62に代表的データセレクタ74157のファンクションテーブルを示します．

ファンクションテーブルをみると，STROBE＝Lのときのみデータセレクタは動作することがわかります．すなわち，ここではSTROBEがイネーブル端子になっています．

次に，動作時には
　　　SELECT（選択）＝L　で　Y＝A
　　　SELECT（選択）＝H　で　Y＝B
となることがわかります．

データセレクタの種類は図1・63に示す74153，図1・64に示す74251をはじめ多くのものがあります．

1章　組合せ論理回路

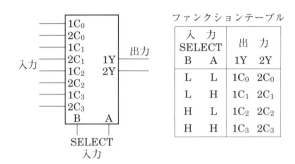

■ 図1・63　2ビット4入力1出力データセレクタ74153

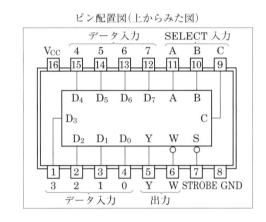

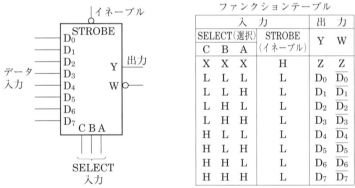

■ 図1・64　1ビット8入力1出力データセレクタ74251

▶▶ **例題1.11** ◀◀

データセレクタ74251に図1・65に示すような入力を与えた．SELECT端子C, B, Aによってどのように出力は変化するか．

1·5 いろいろな組合せ論理回路

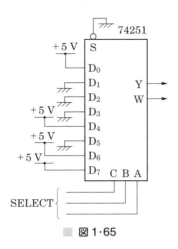

図 1·65

▶**答**◀　SELECT 入力により $D_0 \sim D_7$ までの入力が順に Y に出力される．W には Y と反対のレベルが出力される（下表参照）．

C	B	A	Y	W
L	L	L	H	L
L	L	H	L	H
L	H	L	L	H
L	H	H	L	H
H	L	L	H	L
H	L	H	L	H
H	H	L	H	L
H	H	H	H	L

　データセレクタは，データの流れを切り換えるスイッチの役割をします．RTL 設計は，データの記憶と流れの切換えを制御することで，ディジタル回路の動作を記述する方法ですので，データセレクタは最近のディジタル回路で最もよく利用されるビルディングブロックとなっています．3 章で紹介する CMOS のトランスミッションゲートを使うと，データセレクタはとても簡単に作ることができ，2 章で紹介するフリップフロップの中身にも使われます．

1·5·6　コンパレータ（比較器）

　コンパレータは 2 つの 2 進数の大小を比較する標準モジュールです．A＝B を調べるだけなら各ケタ（A_0 と B_0，A_1 と B_1，……A_n と B_n）の Exclusive-NOR の出力をすべて AND ゲートに入力すればよいですが，大小関係を調べる場合は，ゲートの組合せでは大変なので専用の標準モジュールが用いられます．このような IC の 1 つである 7485 のファンクションテーブルを図 1·66 に示します．

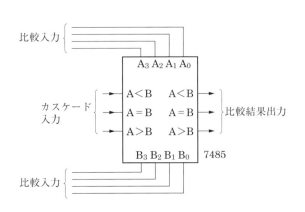

ピン配置図（上から見た図）

データ入力				カスケード入力			比較結果出力		
A_3, B_3	A_2, B_2	A_1, B_1	A_0, B_0	A>B	A<B	A=B	A>B	A<B	A=B
$A_3 > B_3$	X	X	X	X	X	X	H	L	L
$A_3 < B_3$	X	X	X	X	X	X	L	H	L
$A_3 = B_3$	$A_2 > B_2$	X	X	X	X	X	H	L	L
$A_3 = B_3$	$A_2 < B_2$	X	X	X	X	X	L	H	L
$A_3 = B_3$	$A_2 = B_2$	$A_1 > B_1$	X	X	X	X	H	L	L
$A_3 = B_3$	$A_2 = B_2$	$A_1 < B_1$	X	X	X	X	L	H	L
$A_3 = B_3$	$A_2 = B_2$	$A_1 = B_1$	$A_0 > B_0$	X	X	X	H	L	L
$A_3 = B_3$	$A_2 = B_2$	$A_1 = B_1$	$A_0 < B_0$	X	X	X	L	H	L
$A_3 = B_3$	$A_2 = B_2$	$A_1 = B_1$	$A_0 = B_0$	H	L	L	H	L	L
$A_3 = B_3$	$A_2 = B_2$	$A_1 = B_1$	$A_0 = B_0$	L	H	L	L	H	L
$A_3 = B_3$	$A_2 = B_2$	$A_1 = B_1$	$A_0 = B_0$	L	L	H	L	L	H

■ 図1・66　4ビットコンパレータ7485

このファンクションテーブルを見るとX印が非常に多いことがわかるでしょう．

これはよく考えるとあたりまえの話で，もし1番上のケタであるA_3が1でB_3が0ならばA>Bはその場でわかってしまいますから，ほかの入力とは関係なくA>B出力がアクティブ（Hレベル）になります．すなわち，A_0，B_0の値が問題になるのは$A_3 = B_3$，$A_2 = B_2$，$A_1 = B_1$が成立するときだけです．さらに，$A_0 = B_0$まで成立したときに初めてカスケード入力が問題になります．このカスケード入力はコンパレータを複数個つないで4ビット以上の比較を行うときに用います．次の例題でその方法を示します．

▷▷ **例題1.12** ◁◁

7485を3個用いて12ビットの比較器を作れ．

▶**答**◁　それぞれの7485は，もし自分の担当するA，Bの各ビットが全部等しかったら，カスケード入力により下のケタの様子をみて結果を伝搬していく（**図1・67**）．

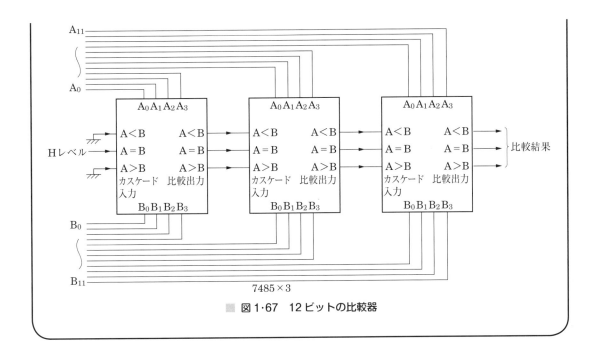

■ 図1・67　12ビットの比較器

1・5・7　パリティチェッカ

　ディジタル信号を長距離にわたって送ろうとする場合，ノイズ（雑音）などによってデータが誤って伝わる場合があります．このような誤りを検出するために，データに1ビットのパリティビットと呼ばれる余分のビットをつけ加えます．このパリティビットによってデータ中の「1」の数が常に偶数，または奇数になるようにします．「1」の数を常に偶数にする方法を偶数パリティ（even parity：イーブンパリティ），常に奇数にする方法を奇数パリティ（odd parity：オッドパリティ）といいます．

　偶数パリティを例にパリティについて説明しましょう．いま，**図1・68**のような8ビットのデータがあります．このデータにパリティビットを全体の「1」の数が偶数になるようにつけ加えます．すなわち，同図（a）のようにすでに偶数になっている場合，パリティビットを「0」とし，（b）のように奇数のときは「1」とします．

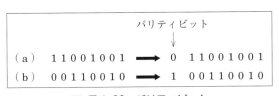

■ 図1・68　パリティビット

データを送る側は，パリティビットをつけた 9 ビットのデータを送ります．受ける側はこの数をチェックし，もし「1」の数が偶数になっていなければ，どこかで誤りが発生したことがわかります．パリティビットをつけたり，チェックしたりする IC として 74180 があります．**図 1・69** にこの IC のピン配置図とファンクションテーブルを示します．

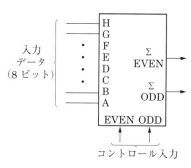

ファンクションテーブル

A〜H 中の「1」の数	EVEN	ODD	ΣEVEN	ΣODD
偶数	H	L	H	L
奇数	H	L	L	H
偶数	L	H	L	H
奇数	L	H	H	L
X	H	H	L	L
X	L	L	H	H

図 1・69 パリティチェッカ 74180

74180 は A〜H の 8 ビットの入力中の「1」の数が偶数か奇数かを判定し ΣEVEN，ΣODD に出力します．次の例題はこの IC の使い方を示すものです．

▶▶ **例題 1.13** ◀◀

パリティチェッカ 74180 を用いて次の 2 つの回路を作れ．
① 8 ビット（7 ビット＋パリティ 1 ビット：偶数（EVEN）パリティ）のデータをチェックする回路を作れ．
② 8 ビットのデータに偶数（EVEN）パリティをつける回路を作れ．

▶**答**◀ ① EVEN 入力を H，ODD 入力を L にすると，入力の「1」の数が偶数のとき ΣEVEN が H，ΣODD が L になる（**図 1・70**）．
② 入力データ中の「1」の数が奇数だったときにパリティビットは「1」でなければならない．したがって，**図 1・71** に示すようになる．

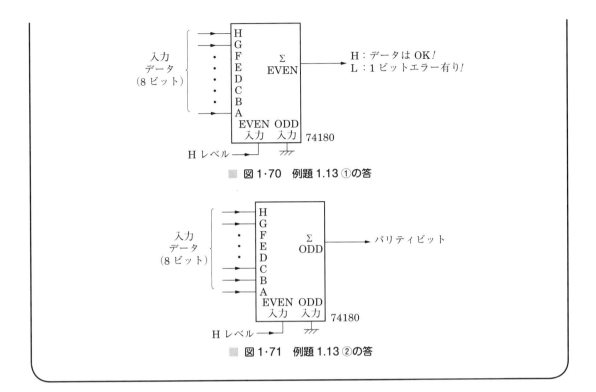

■ 図1・70　例題1.13 ①の答

■ 図1・71　例題1.13 ②の答

◆ ◆ 演 習 問 題 ◆ ◆

【1・1】 図1・72のゲートの真理値表を書け.

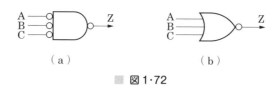

図1・72

【1・2】 図1・73の回路の真理値表を書け.

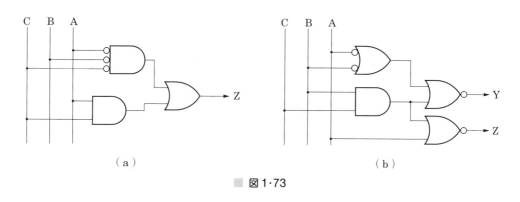

図1・73

【1・3】 図1・74の回路に，同図に示すようなタイミングで入力を与えた．出力が時間的にどのように変化するかを示す，タイミングチャートを書け．

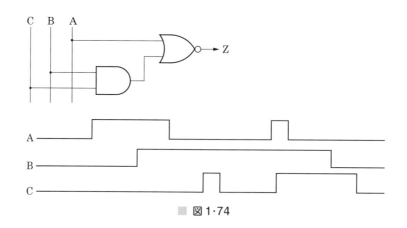

図1・74

【1・4】 NORゲートだけを用いて次のゲートを作れ．
　（1）ORゲート　　　（2）ANDゲート

【1·5】 4本の入力線があり，これで2進数（0〜15）を表現するものとする．加法標準形設計法を用いて次の問に答えよ．

(1) 3の倍数（3，6，9，12，15）をみつける回路を構成せよ．

(2) 4の倍数（4，8，12）をみつける回路を構成せよ．

(3) (1)，(2)の回路をNANDゲートのみを用いて構成せよ．

【1·6】 4本の入力線があり，これで2進数（0〜15）を表現するものとする．

(1) 4の倍数（4，8，12）を検出する回路を作る．

① カルノー図を書け．
② 簡単化した回路を書け．

BA\DC	00	01	11	10
00				
01				
11				
10				

(2) 10以上の数が来ないものとして10未満の素数を検出する回路を作る．

① カルノー図を書け．
② 簡単化した回路を書け．

BA\DC	00	01	11	10
00				
01				
11				
10				

【1·7】 図1·75において次の問に答えよ．

(1) Zに関するカルノー図を書け．

(2) 簡単化した回路を書け．

(3) ブール式に変換せよ．

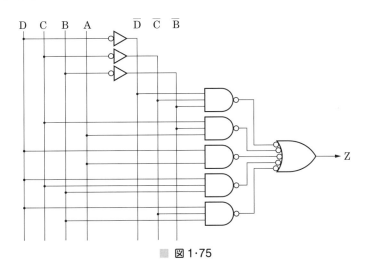

■ 図1·75

【1・8】 図 1・76 の回路について次の問に答えよ．
（1） 出力 Z についてカルノー図を書け．
（2） 簡単化した回路を書け．

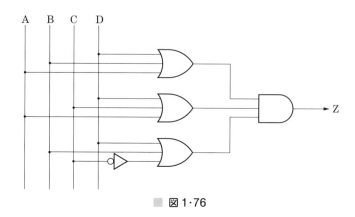

図 1・76

【1・9】 階段を照らす電灯があり，階上および階下にスイッチが 1 個ずつある（図 1・77）．次の仕様で電灯を点滅させる回路を考えよ．
（ⅰ） 両方 OFF のときは消えて，階段を上ろうとした人が下のスイッチ A を ON にすると電灯が光る．
（ⅱ） 上り終わってスイッチ B を ON にすると電灯が消える．
（ⅲ） 下りに関しても同様に点滅する．

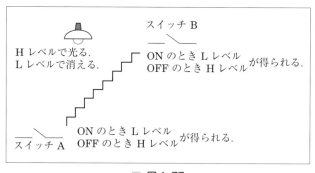

図 1・77

【1・10】 株主総会がある．A 氏は全体の 35％，B 氏は 30％，C 氏は 19％，D 氏は 16％ の株をそれぞれもっている．ある議題について，4 人は賛成か反対か手元のスイッチを押すことにより投票する．賛成者の持株が 50％ 以上になれば，その議題は可決，50％ 未満ならば否決される．議題の可否を判別する回路を設計せよ．
ただし，スイッチは賛成＝ON＝H レベル，反対＝OFF＝L レベルが出力されるとする．

【1・11】 次の出力は入力のデータがどのような値のときアクティブになるか.
(1) 図 1・78 の場合.

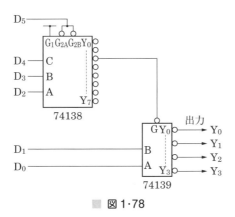

図 1・78

(2) 図 1・79 の場合.

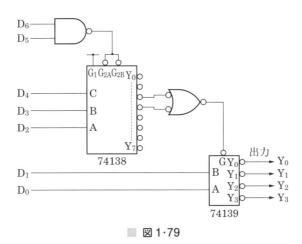

図 1・79

【1・12】 図 1・80 の回路の Z は $A_0 \sim A_2$ と $B_0 \sim B_2$ がどのような関係のとき L になるか.

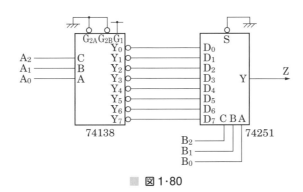

図 1・80

2章 順序回路

2・1 フリップフロップ

2・1・1 フリップフロップとは

1章で述べた組合せ論理回路は入力のみで出力が決定されました．これに対して順序回路は入力と回路の状態によって出力が決定されます．フリップフロップはこの順序回路における一番基本的な回路で状態を記憶しておく機能があります．フリップフロップには大きく分けて，クロック（次ページ脚注参照）が変化したときに状態および出力が変化するものとそうでないものがあります．TI（Texas Instruments）社の規格表は前者をフリップフロップ（FFと省略して書きます），後者をラッチと称して区別しています．これに従って**表2・1**の順番で各種フリップフロップを解説していきます．

■ 表2・1

$$\begin{cases} \text{ラッチ} \begin{cases} \overline{SR}\text{ラッチ} \\ D\text{ラッチ} \end{cases} \\ \text{フリップフロップ} \begin{cases} D\text{フリップフロップ} \\ JK\text{フリップフロップ} \end{cases} \end{cases}$$

2・1・2 $\overline{SR}$ ラッチ

状態を記憶するのに最も簡単な回路は**図2・1**に示すようなループで接続された2つのNOTゲートで実現できます．この回路はQ＝H，$\overline{Q}$＝Lか，Q＝L，$\overline{Q}$＝Hのどちらかの状態になります．Q＝Hの状態をセット，Q＝Lのほうをリセットと呼びましょう．この回路は何かの拍子に一度セットになったら入力にかかわらず（この回路では入力がないのであたりまえですが）ずっとセットになりっぱなしです．例えば，強引にQを一瞬0Vに落とすと，リセット状態に変化し，やはりこの状態をずっと保持します．あまりピンとこないかもしれませんが，どちらかの状態を常に保つことができ，つまり記憶をしているわけです．

2章　順序回路

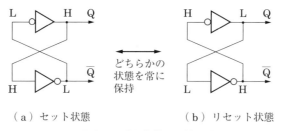

（a）セット状態　　　　　　　　（b）リセット状態

■ 図2・1　最も簡単な記憶回路

　とはいうものの，強引に0Vに落としたりするのは乱暴なので，外部から強制的にセット状態やリセット状態に設定するための入力をつけると**図2・2**のようになります．これが$\overline{SR}$ラッチです（この名前はいいにくいのでRSラッチと呼ぶ場合もありますが，ここではTI社の規格表に準拠しました）．1章の例題1.2を思い出してください．図中のゲート（NAND）は片方の入力をHにするとNOTに等しくなります．すなわち，$\overline{S}$と$\overline{R}$が両方ともにHレベルのときは図2・2は図2・1と全く同じになり，セットかリセットかどちらかの状態を記憶しておきます．

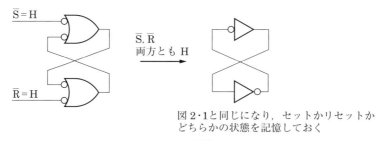

■ 図2・2　$\overline{SR}$ラッチ

　さて，$\overline{S}=L$にすると，ゲートはイグジストなので強制的に$Q=H$となり，状態はセットになります．同様に$\overline{R}=L$のときは$\overline{Q}=H$となり，状態はリセットになります．つまり，$\overline{S}$は状態をセットする端子，$\overline{R}$はリセットする端子で共にアクティブ-Lというわけです．この様子を**図2・3**にまとめて示します．

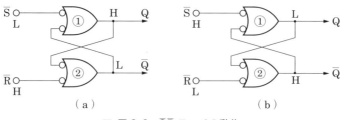

■ 図2・3　$\overline{SR}$ラッチの動作

クロック：ディジタル回路では，すべてのフリップフロップを同時に動作させるために，単一，あるいは数種類の方形波信号を使います．これをクロックと呼びます．フリップフロップはクロック信号の立上り（L→H），あるいは立下り（H→L）に同期して動作します．

例題 2.1

$\overline{SR}$ラッチに図2·4に示すような入力を与えた，Qのタイミングチャートを示せ．

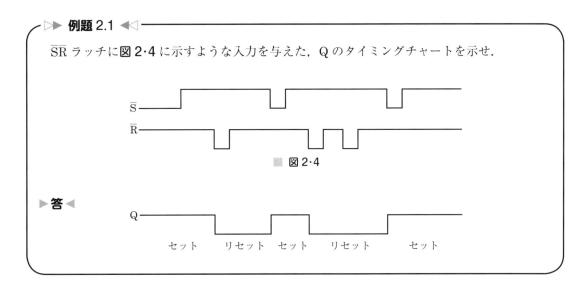

■ 図2·4

▶答◀

さて，問題なのは両方の端子をともにLにした場合で，このときは$Q=\overline{Q}=H$になってしまいます．このような状態はもともとの図2·1では決してあり得ない状態で，外部から状態を切り換える端子をつけたばっかりにできてしまった状態なので，禁止状態と呼んでいます．禁止とはいえ，使ってはいけないわけではないです．

以上をまとめて$\overline{SR}$ラッチの動作を表に示すと表2·2のようになります．

■ 表2·2　$\overline{SR}$ラッチのファンクションテーブル

$\overline{S}$	$\overline{R}$	Q	$\overline{Q}$	
L	H	H	L	セット
H	L	L	H	リセット
H	H	前の状態		
L	L	H	H	→禁止状態

2·1·3　$\overline{SR}$ラッチの応用

$\overline{SR}$ラッチはクロックをもたない特殊なフリップフロップです．このため利用される場所も普通のFFとは異なります．おそらく一番多く用いられる用途は「チャタリングの除去」であると考えられます．ディジタル回路で普通のSW（スイッチ）を用いる場合，チャタリングに注意する必要があります．

チャタリングとはSWを閉じた際にそのSWが接点で機械的にバウンドし，出力が図2·5のようになってしまう現象をいいます．この現象は図2·6の回路で防止できます．接点が一度$\overline{S}$にくっついてしまえばラッチはセットされ，バウンドして切片が空中に浮いても$\overline{S}=H$，$\overline{R}=H$で前の状態を保持するためセットの状態を保持します．

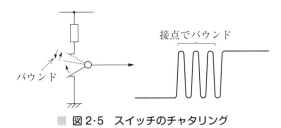

■ 図2·5　スイッチのチャタリング

2章 順序回路

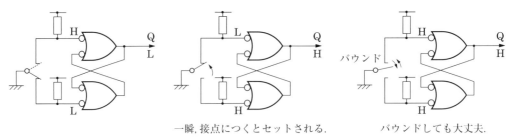

一瞬, 接点につくとセットされる. バウンドしても大丈夫.

図2·6 $\overline{SR}$ラッチによるチャタリング除去

そのほかにも$\overline{SR}$ラッチは, クロックを用いないことから, 全くクロックに同期しないで来る信号を記憶するときなどに用います. 使用上の注意を2つ述べておきます.

(ⅰ) ノイズ(雑音)に注意する：$\overline{SR}$ラッチの出力は実はもう一方のゲートの入力になっている. したがって, この出力線を延ばすと図2·7のようにその線にのったノイズはもう一方のゲートにまわりこんでしまう. したがって, $\overline{SR}$ラッチの出力を不用意に延ばすことは絶対禁物である. そもそも$\overline{SR}$ラッチは$\overline{S}$, $\overline{R}$に少しノイズがのっただけで状態がひっくり返ってしまうことがある. この点で状態をもたない組合せ論理回路よりはずっとノイズに弱いという特徴があるので注意が必要である.

(ⅱ) 電源投入時はどちらに転ぶかわからない：チャタリング除去等の用途では問題ないが, 普通の用途では電源投入時, セット, リセットのどちらになるかわからないとやっかいな場合がある. このようなときは図2·8のようなパワーオンリセット回路を用いる. 電源投入後, しばらくの間A点の電圧はLレベルになるので, この$\overline{SR}$ラッチは必ずリセットされる.

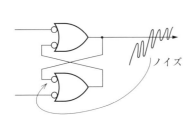

図2·7 $\overline{SR}$ラッチはノイズに弱い

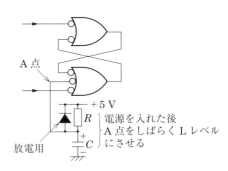

図2·8 パワーオンリセット回路

2·1·4 DラッチとD-FF──データを記憶するラッチとFF

DラッチとD-FFとは両方とも基本的には次の働きをします.
「クロックが来たときのD入力の値を記憶しQに出力する」
ところが, Dラッチ, D-FFは非常に異なる点があります.

(1) Dラッチ Dラッチは MIL 記号法を用いて書くと図 2·9 のようになります．ここでは，G 入力にクロック（CLK）を接続するとします．Dラッチは CLK = H のときは，D入力の値がそのまま出力になり，CLK = L のときは CLK = H であった最後の状態を保持します．この様子を図 2·10 のタイミングチャートに示します．G入力を H にすると Q = D になることから特にトランスペアレント（透過型）ラッチとも呼ばれます．

Dラッチは CLK = H のときは眼をあけて D入力を見ています．そしてその値を忠実に Q 出力に出していきます．そして CLK = L のときは眼をとじて，最後に見たものを覚えておき，それを出力すると考えられます．

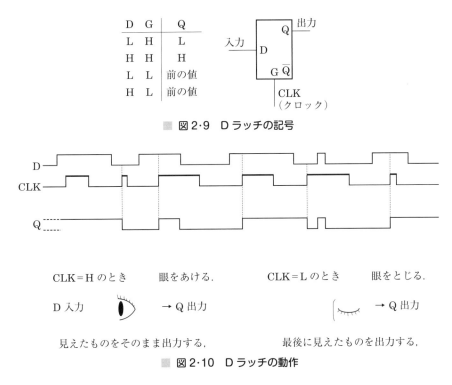

■ 図 2·9　Dラッチの記号

■ 図 2·10　Dラッチの動作

(2) Dラッチの中身　Dラッチは，最初に紹介した $\overline{SR}$ ラッチからできています．図 2·11 にその基本回路を示します．図中の切換えスイッチは，1章で紹介したデータセレクタを使います．3章に紹介するように，CMOS 回路ではデータセレクタはとても簡単に作ることができます．

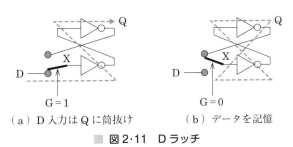

（a）D入力は Q に筒抜け　　（b）データを記憶

■ 図 2·11　Dラッチ

2章 順序回路

いま，G＝Hとして，スイッチを入り口側に倒すと，入力Dは2つのインバータを通過してそのままQに出力されます．これが筒抜けの状態です．ここで，G＝Lにすると，2つのインバータは入力Dから切り離されて輪を作って$\overline{SR}$ラッチと同様に，データを閉じ込めます．D入力は切れているので，いくら変化してもQには影響がありません．これがデータを記憶しておく状態です．

(3) D-FF DラッチがCLK＝HのときD入力が素通しになるのに比べD-FFはクロックが立ち上がったとき（立ち下がったとき）のD入力を記憶します（図2・12(a))．このようなクロックの変化のことをクロックのエッジと呼び，エッジで動作するものを，MIL記号法は∧印を用いて表現します（同図（b))．∧印だけならば立上りのエッジによって動作し，∨印ならば立下りのエッジによって動作します（同図(c))．ここでの説明は立上りのエッジで行います．タイミングチャートを図2・13に示します．Dラッチと比較してみてください．

Dラッチに比較するとD-FFはカメラにたとえることができます．クロックが立ち上がった瞬間にカメラのシャッタが切られ，そのときのD入力のスナップショットが撮られます．したがって，D-FFのQ出力はシャッタの切られる点，すなわちクロックの立上り以外では変化しません．

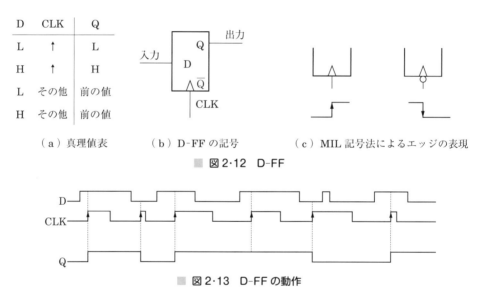

図2・12 D-FF

図2・13 D-FFの動作

(4) D-FFの中身 D-FFは図2・14に示すようにDラッチを2つ並べて作ります．ここでは入り口のDラッチをラッチA，出口のDラッチをラッチBと呼びましょう．

CLK＝Lの状態では，ラッチAのスイッチは入力側に倒れており，入力は筒抜けになります．しかし，ラッチBは輪を作って以前のデータを閉じ込めているので，出力に変化はありません．これが図2・15(a)に相当します．ここで，CLKをHにすると，ラッチAは輪を作って入力データを閉じ込め，ラッチBはこのデータを筒抜けにしてQから出力します．これが同図(b)に相当し，シャッターを切った瞬間に当たります．ここでQはいままでラッチBに閉じ込められていたデータからラッチAで新たに閉じ込めたデータに変化します．

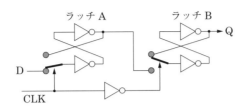

■ 図2・14　D-フリップフロップ（D-FF）の構造

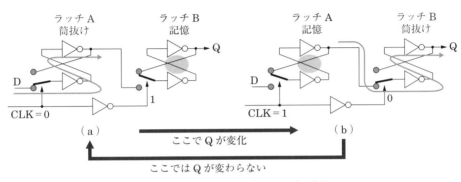

■ 図2・15　D-フリップフロップの動作

　次に再びCLKをLにすると，ラッチBはラッチAからのデータを閉じ込めてこれをQに出力します．ラッチBが閉じ込めた出力は，いままでラッチAが閉じ込めていて，Bは筒抜けにしていたデータですので，外からみるとQ出力に変化はありません．しかし，図2・15(a)に示したように，データを閉じ込めておくのは，今度はラッチBの仕事となります．ラッチAは再び次のデータを取り込むべく，入力を筒抜け状態にします．

　このようにD-FFは2つのラッチの見事な共同作業によってCLKの立上りエッジでデータを記憶する動作を実現します．しかしひどいことに，この方式はマスター・スレーブ（主人と奴隷）方式と呼ばれています．

　動作が単純なD-FFは，HDL設計によく合っているため，最近のディジタル回路の主役となっています．

(5) イネーブル付D-FF　D-FFは，最近のFFの主役にのし上がったとはいえ，弱点があります．それはクロックが立ち上がる都度，必ずD入力を更新してしまうことです．これでは必要なタイミングにだけデータを記憶する必要があるときには不便です．そこで，**図2・16**に示すようにスイッチを付けて，EI＝0のときはQ出力をD入力につなぎ，EI＝1のときだけ外からデータを入れるようにします．これをイネーブル付D-FFと呼び，最近のフリップフロップの真の主役です．

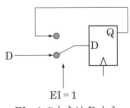

EI＝1のときはDから
データを入力
EI＝0ではデータを保持

■ 図2・16　イネーブル付D-FF

2・1・5 DラッチとD-FFの応用（1）レジスタ

レジスタ（register）は抵抗器（resistor）のほうではなく，店で勘定をするとき店員さんがはじいてくれるあのレジと同じ言葉です．すなわち，レジスタはデータを記憶する働きがあります．DラッチもD-FFも図2・17のようにD入力の値を記憶する機能をもつためクロックを共通にし，記憶に必要なビット数だけ集めれば，それでレジスタになります．データを記憶するという働きではRAMも同じですが，レジスタは，RAMに比べ記憶容量がずっと少ない一方，値が常に直接読めるので一時的な記憶に適しています．DラッチはクロックをHレベルにしたとき，D-FFはクロックの立上りエッジでデータを記憶します．

クロックの幅が小さいとき両者はほとんど同じ動作をしますが，DラッチのほうはクロックをHにするとD入力がQにそのまま出てくるので，あるときは入力をそのまま出力に出し，あるときは値を保持しておくことができます．

一方でクロックに同期して動作する同期式ディジタル回路ではD-FFを使ったレジスタが使われます．D-FFはすべてのクロックの立上りで入力データを記憶してしまうため，ここぞというときだけにデータを記憶するためにはイネーブル付D-FFを使います．図2・17のイネーブル付D-FFを使ったレジスタではEI＝Hの時にだけ，クロックの立上りで入力データを記憶します．

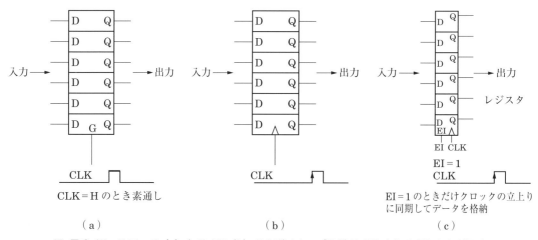

図2・17　Dラッチ（a）とD-FF（b）およびイネーブル付D-FF（c）を用いたレジスタ

マイクロコンピュータの中央処理装置中では1・5・2節〔3〕で説明したALUを用いて加算，減算，AND，ORなどの演算を行いますが，この際図2・18のように，まずレジスタA，Bに演算を行うべき数を格納してから演算を行い，その結果を再びレジスタAに格納します．レジスタA，Bにはイネーブル付D-FFを使い，必要なタイミングだけ，イネーブル信号EI-A，EI-BをHレベルにして，データを記憶します．例えば入力データを記憶するときは，EI-A，EI-BをともにHにし，結果を格納するときはEI-AだけをHにします．

2·1 フリップフロップ

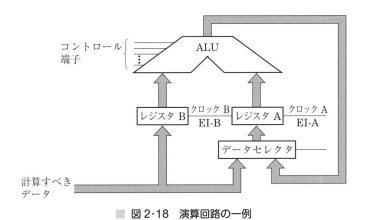

■ 図2·18 演算回路の一例

2·1·6 DラッチとD-FFの応用（2）1クロックディレイ

DラッチとD-FFの用途はレジスタ以外にはほとんど考えられません．しかし，D-FFにはデータをクロックに同期させて遅らせる働きがあるので，さまざまな用途に使うことができます．

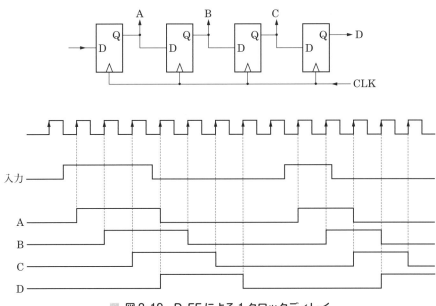

■ 図2·19 D-FFによる1クロックディレイ

いま，D-FFを図2·19のように縦列に並べ同一CLKを入れます．まず入力はD-FFを1段通るとCLKに同期されます．ここまでは問題ないと思います．問題は2段目のD-FFです．タイミングチャート上ではCLKが立ち上がるのとほとんど同時にD入力が変化するので，変化前が記憶されるのか変化後が記憶されるのか悩むことと思います．しかし，よく考えると図2·20のように2段目のFFのD入力が変化するのは1段目のFFにクロックが入り，その出力が変化するからで

063

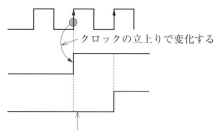

■ 図2・20 変化前か？ 変化後か？

す．したがって，クロックが立ち上がった瞬間は2段目のFFの入力は変化前の値になっています．
つまりこのような場合

「変化前の値が記憶される」

のが原則です．実はこのことには若干の問題があり，これについては3章で検討します．

さて，このように変化前の値が記憶されるということは

「D-FF 1段で1クロック分データが遅れる」

という動作に相当します．このことは非常に広く応用されます．例えば，前述の回路はそのまま，データをクロックごとに伝えていくシフトレジスタになっています．シフトレジスタについては2・3・6項で詳しく説明します．次に示す同期微分回路もこの応用の1つです．

▶▶ **例題 2.2** ◀◀

図2・21の回路を解析しタイミングチャートを示せ．

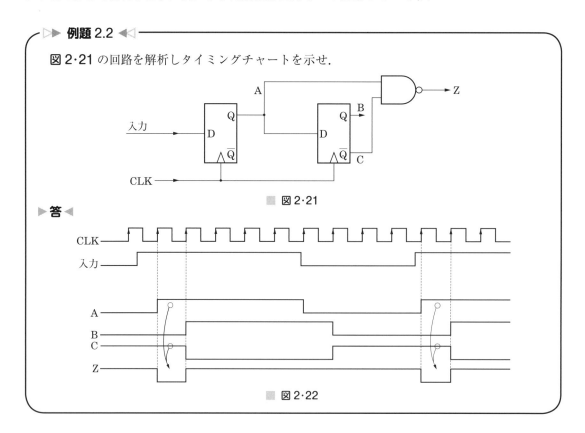

■ 図2・21

▶ **答** ◀

■ 図2・22

例題 2.2 の回路で Z から 1 発パルスが出るのは，1 段目の FF がセットされていてかつ 2 段目がまだセットされていないときに限られます．すなわち，この回路は入力が立ち上がったのを検知してクロックに同期した 1 発パルスを発生するものです．このような回路を同期微分回路といって，しばしば実際に用いられます．

2・1・7　D-FF の IC

D-FF の代表的な IC として 7474（図 2・23），74175（図 2・24），74174（図 2・25），74574（図 2・26）を紹介します．

D-FF の種類はかなり多く，ここに挙げた例のほかにもいろいろなものがあります．

最近の D-FF は，ほとんどのものがクロックの立上りで動作します．7474 の PRESET, CLEAR はクロックに無関係に強制的にセット，リセットできるので，あらかじめ FF に値をセットするときなどに非常に便利です．もっとも両方ともにアクティブ（L）にすると $\overline{SR}$ ラッチ同様禁止状態になってしまいます．

■ 図 2・23　D-FF 7474

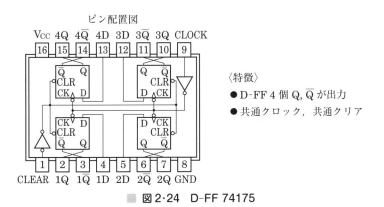

■ 図 2・24　D-FF 74175

2章 順序回路

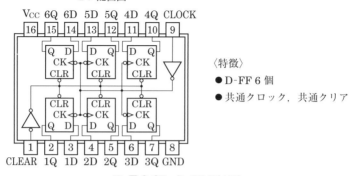

図2·25 D-FF 74174

〈特徴〉
- D-FF 6 個
- 共通クロック，共通クリア

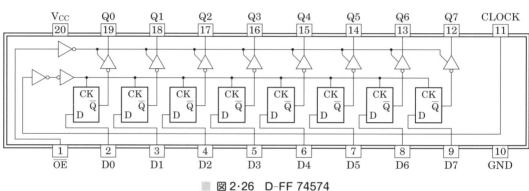

図2·26 D-FF 74574

▶▶ **例題** 2.3 ◀◀

図2·27の回路を解析し，タイミングチャートに示せ．

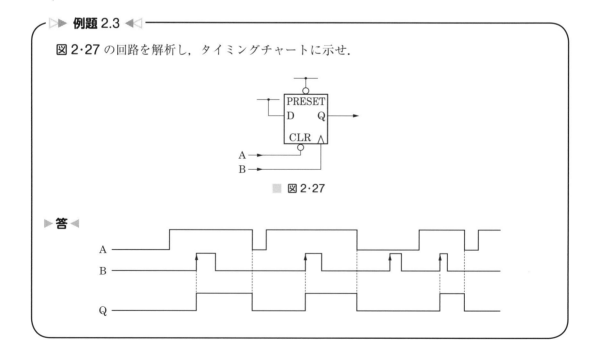

図2·27

▶答◀

図2·27の回路はA入力がFFをリセット（アクティブ-L），B入力がFFをセットする働きがあり，$\overline{SR}$ラッチの代わりに用いることができます．リセットが優先で禁止状態がないのがミソです．

2·1·8 JK-FF

FFの親玉的存在がこのJK-FFです．MIL記号と真理値表は図2·28に示すようになります．

JK-FFは，クロックの立上り，または立下りのエッジに同期して状態が変化します．JK-FFは74シリーズでは立上りに対して動作するものより立下りに対して動作するもののほうが多いので，一応ここでは立下りで動作すると考えます．JK-FFにおいてはクロックが立ち下がる前のJ，Kの値によって立ち下がった後のQの値が上の真理値表によって決定されます．JはFFをセットする働きがありKはリセットする働きがあります．

注目すべきことは，J，Kが両方ともHのときです．このときクロックが立ち下がると，Qは立ち下がる前のQと反対の値，つまりQがLならばHに，HならばLになります．このモードをトグルモードと呼びます．

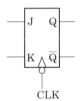

J	K	CLKの立ち下がった後のQ	
H	L	H	セット
L	H	L	リセット
L	L	前のQ	
H	H	前のQの反転	トグル

■ 図2·28 JK-FF

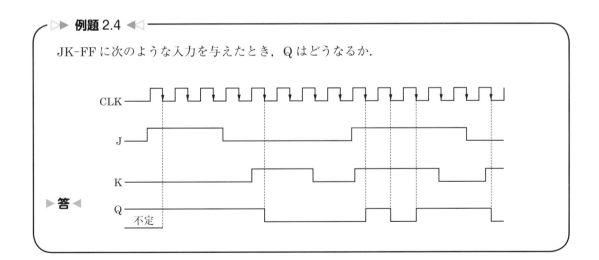

▶▶ 例題2.4 ◀◀

JK-FFに次のような入力を与えたとき，Qはどうなるか．

▶答◀

J，Kの各入力はそれぞれ$\overline{SR}$ラッチの$\overline{S}$，$\overline{R}$に相当し，JK-FFの動作は$\overline{SR}$ラッチに似ているようにみえるのですが，大きな違いが2つあります．1つはJK-FFは必ずクロックのエッジで状態が変化すること，もう1つはトグルモードの存在です．このことはしっかり頭に入れましょう．

2章 順序回路

2・1・9 JK-FF を用いた回路の動作の読み方

ここでは JK-FF を含む回路の動作解析の練習をしてみましょう．

▷▶ 例題 2.5 ◀◁

図 2・29 の回路を解析せよ．

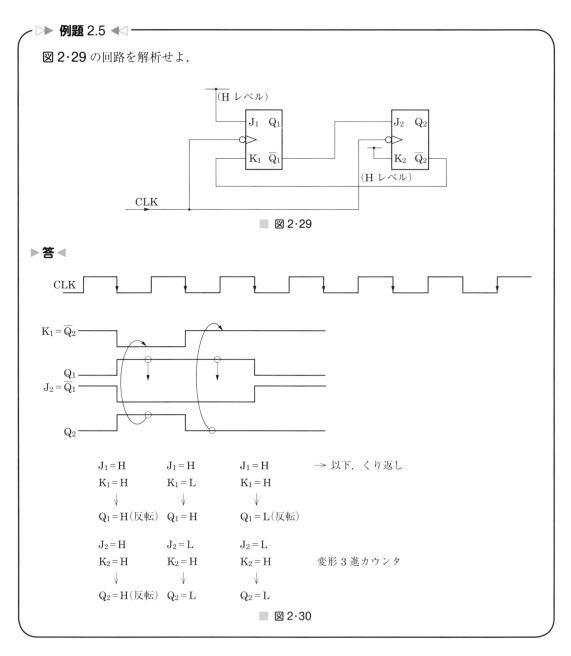

■ 図 2・30

図 2・30 のように外部の入力がなく，JK-FF がすべて同一クロックで動作する場合，JK-FF の動作には次のような特徴があります．

（ⅰ）必ずクロックの立下り時の入力から次の出力を決定する．

（ⅱ） 最初と同じ状態になったら後はくり返しである．
章末の演習問題を実際に解いてみてください．

2·1·10 JK-FF の IC

JK-FF は各種 FF の動作を併せもっているため，かつてはよく用いられましたが，最近は HDL 設計に適した D-FF に取って代わられ，あまり使われなくなっています．

2·1·11 FF の変換

JK-FF の J，K 入力を結んで T とすると図 2·31 のような FF ができます．このような FF を T-FF といいます．

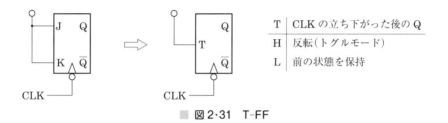

■ 図 2·31　T-FF

そのほか FF の変換の例を 2 つ挙げます．
（ⅰ）　JK → D：図 2·32 参照．

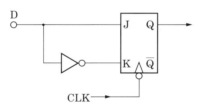

■ 図 2·32　JK-FF から D-FF を作る方法

（ⅱ）　D → T（ただし，トグルモードのみ）：図 2·33 参照．

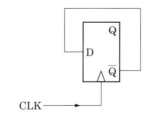

■ 図 2·33　D-FF から T-FF を作る方法

2・2 順序回路の設計法

さて，ここではいままで学んできたD-FFを使った順序回路の設計法を学びます．この方法では複数のD-FFを使って「状態」を表現し，入力に応じてこの状態が別の状態にどのように移り変わるか，それぞれの状態でどのような出力が出るのかに注目して回路を設計します．制御回路をはじめとして，どのような回路でも作れる万能の方法です．

この方法は，3つのステップで設計を行います．
① 入力，状態の移変り，出力を示す状態遷移図を作る．
② 状態に2進数を割り当て，1と0から成る状態遷移表の形にする．
③ 状態遷移表より，現在の状態と入力から次の状態と出力を生成する組合せ論理回路を設計する．

この方法でもっとも面倒なステップ③は実は1章で学んだ組合せ論理回路の設計法がそのまま使えます．したがって，状態遷移とこれを実現する回路の枠組みだけわかれば，順序回路設計は簡単です．まず，簡単な例を使って説明しましょう．

例1 電子サイコロの設計

START信号がHの時に，$1 \to 2 \to 3 \to 4 \to 5 \to 6 \to 1 \to 2 \to \cdots\cdots$と数えていき，Lにすると止まる電子サイコロを設計してみましょう．0.1秒くらいに1回，L→HあるいはH→Lに変化するクロックを使います．この速度でサイコロの目が変わるようにすれば，人間の目にはチカチカしてよく見えないはずです．スイッチをHにして止めれば，止まったところのサイコロの目が表示されます．きちんと定期的に変化するクロックを使えば，それぞれの目が出る確率は1/6にすることができ，サイコロとして使うことができるはずです．さて，このような回路をどのように設計すればよいでしょう．

(1) まず状態遷移図を描く

順序回路設計の第一歩は，回路の状態を決めて，入力によってそれがどのように変化するかを図に書くことです．電子サイコロでは，サイコロの目がそのまま状態として使えるので話は簡単です．S（START）＝Hで状態は次の目に進み，S＝Lのときは次の状態は自分自身になります．つまり自分の状態に留まることになります．このような図を状態遷移図と呼びます．**図2・34**に電子サイコロの状態遷移図を示します．真理値表を書けばもう組合せ論理回路の設計が終わったも同然だったのと同じく，状態遷移図さえ書ければ順序回路の設計は終わってしまったも同然です．つまり，後はシステマチックな方法で回路が設計できるのです．

(2) 状態に2進数を割り当てる

次にそれぞれの状態に2進数を当てはめます．実は状態に対して2進数のコードをうまく割り当てると回路が簡単になったりするのですが，ここでは目をそのまま2進数で表して，これを状態の番号として使ってしまいましょう．それに，今回の例では，状態の番号をそのまま出力として使えるというメリットがあります．ということで，3ビットの数，001，010，011，100，101，

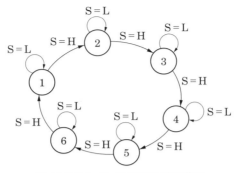

■ 図2・34　サイコロの状態遷移図

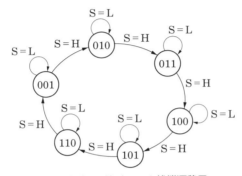

■ 図2・35　サイコロの状態遷移図

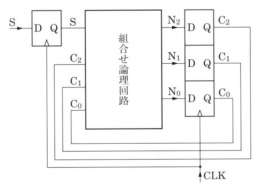

■ 図2・36　サイコロカウンタの基本型

110で6つの状態を表します．これが**図2・35**です．この3ビットの状態を記憶するために，3個のD-FFを使います．あるいは3ビットのレジスタといいかえてもいいです．ここに現在の状態番号を入れておきます．

図2・36に電子サイコロの順序回路の骨組みを示します．いまの状態は3ビットの数に対応する3個のD-FFに入っており，この出力であるC_2，C_1，C_0と，S（START）入力から，次の状態と出力が決定されます．ここでは現在の状態の数字がそのままサイコロの目として使えますので，同図の「組合せ論理回路」の部分には，いまの状態C_2，C_1，C_0とS入力から次の状態N_2，N_1，N_0

を決めてやる回路を入れておけばよいのです．N_2, N_1, N_0 はレジスタの入力につながっていますので，次のクロックが立ち上がれば，この値がレジスタに記憶されます．すなわち，次の状態遷移図上で次の状態に遷移したことになります．例えば，現在の状態が 110 で $S=1$ ならば，次の状態は 001 になり，これがレジスタの入力につながっていて，クロックが立ち上がった瞬間に，記憶されます．これが状態 110 から状態 001 への遷移に相当するのです．S 入力が 0 の場合は，110 が出力されるように設計しておきます．そうするとクロックが立ち上がってもまた 110 が記憶されるので，状態は自分自身に遷移することになってサイコロの目は変化しません．

(3) 組合せ論理回路の設計

では，状態遷移図に従って，次の状態を作ってやる組合せ論理回路はどのように設計すればよいのでしょうか？

1 章でやった方法がそのまま使えます．いま，N_2, N_1, N_0 と 3 つ出力があるので，それぞれについて真理値表を書く必要があります．これを**表 2・3** に示します．N_2 についてのカルノー図が**図 2・37**(a) です．ドントケアが結構あるので簡単化ができることがわかります．同様にカルノー図を書いて簡単化すれば，同図(b)に示す回路図ができます．N_1, N_0 については，どうぞ皆さんがやってみてください．

例 2　自動販売機

200 円のジュースの自動販売機のコントローラを設計しましょう．この販売機には 50 円玉と 100 円玉だけが入ります．200 円以上を入れたらすぐにジュースとおつりが出ます．硬貨判別装置は，硬貨が投入されたら，その種類を調べて 1 クロックの時間だけ，2 ビットの情報 I_1I_0 を出力してくれます．ここでは，50 円ならば 01，100 円ならば 10，硬貨が投入されていないときは 00 を出力することにします．

(1) 状態遷移図を描く

この場合，状態遷移はずっと複雑になります．まず状態として，販売機にお金が入っていない状態 (0 円)，50 円入った状態，100 円入った状態，150 円入った状態の 4 状態を考えます．200 円入ったらすぐジュースを出して 0 円に戻ってしまうので，200 円の状態を設ける必要はありません．さて，電子サイコロの例では状態が決まれば，それによって出力が決まりました．しかし，今回は例えば 150 円の状態で 50 円入ったらジュースのみを出力し，100 円入ったらジュースと 50 円のおつりを出す必要があります．つまり状態と入力で出力が決まります．前回（例 1）のように状態だけで出力が決まる順序回路をムーア型，今回のように状態と入力で出力が決まる順序回路をミーリー型と呼びます．今回の問題をムーア型で実現することもできるのですが，状態数が増えてしまうので，ここではミーリー型を使いましょう．ミーリー型の場合，状態遷移図の入力の下にスラッシュを付けてその後ろに出力を書くことにします．このようにして作った状態遷移図が**図 2・38** です．状態遷移は複雑ですが，要するにお金が入ったらその分お金が増えた状態に遷移するか，ジュースとおつりを出して 0 円に戻るかのどちらかなので，理解するのは簡単だと思います．

■ 表2·3　サイコロの状態遷移表（割付け後）

入力	現在の状態（出力）			次の状態		
S	C_2	C_1	C_0	N_2	N_1	N_0
0	0	0	1	0	0	1
0	0	1	0	0	1	0
0	0	1	1	0	1	1
0	1	0	0	1	0	0
0	1	0	1	1	0	1
0	1	1	0	1	1	0
1	0	0	1	0	1	0
1	0	1	0	0	1	1
1	0	1	1	1	0	0
1	1	0	0	1	0	1
1	1	0	1	1	1	0
1	1	1	0	0	0	1

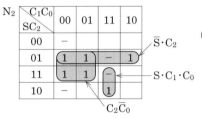

（注）0と7の目はないので don't care

（a）カルノー図（N_2のみ）

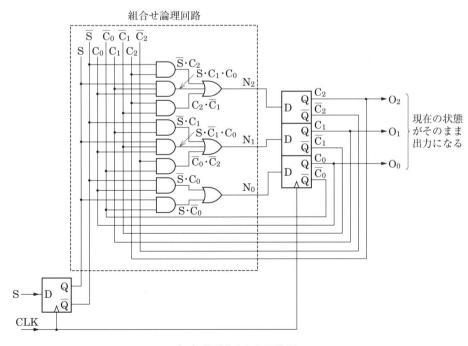

（b）簡単化された回路図

■ 図2·37　サイコロカウンタの回路図

2章 順序回路

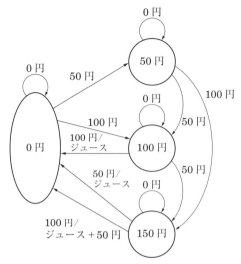

図2・38 自動販売機の状態遷移図

(2) 状態に2進数を割り当て，表の形にする

ここでは現在の状態を C_1C_0 の2ビットで表し，0円状態に00，50円状態に01，100円状態に10，150円状態に11の2ビットを割り当てます．次に出力は O_1O_0 の2ビットで表し，自動販売機から何も出さないときは00，ジュースと50円のおつりを出すときは01，ジュースだけ出すときは11とします．状態と出力に2進数を割り当てた状態遷移図を図2・39に示します．図がごちゃごちゃするのを避けるため，何も出さないときの出力は省略してありますが，ここでも00を出さなければならないです．HDL設計の場合，設計はこの段階でほぼ終了で，後は設計用のCADプログラムが自動的に組合せ論理回路を生成してくれます．しかし，ここでは手で行うため，みやす

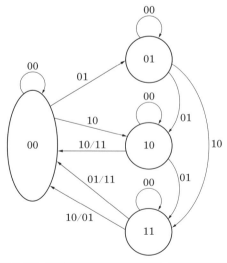

図2・39 自動販売機の状態遷移図（状態割当て後）

くするために表の形に書きなおしましょう．これが**表2·4**です．入力の11はdon't careになります．

表2·4 自動販売機の状態遷移表

入力	00		01		10	
現在の状態	次の状態	出力	次の状態	出力	次の状態	出力
00	00	00	01	00	10	00
01	01	00	10	00	11	00
10	10	00	11	00	00	11
11	11	00	00	11	00	01

(3) 出力と次の状態を作る組合せ論理回路の設計

ミーリー型の順序回路では，**図2·40**に示すように，入力信号がそのままの形で組合せ論理回路に入っていきます．今回の例では次の状態と出力あわせて4出力に対して，入力と現在の状態の4入力があるので，4×4のカルノー図が4枚必要になります．今回は次の状態のうちN_1および出力O_1のみを**図2·41**に示します．N_0とO_0はぜひ設計してみてください．

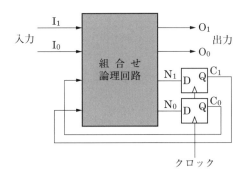

図2·40 自動販売機の順序回路

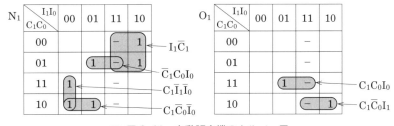

図2·41 自動販売機のカルノー図

2・3 順序回路のビルディングブロック

これまでに紹介した順序回路の設計法は，一般的な方法でなんでも作れます．しかし，組合せ論理回路と同じく，実際に大規模な回路を作る場合は，よく使う順序回路のビルディングブロックを組み合わせます．このうちの典型的なものを紹介しましょう．

2・3・1 同期カウンタ

カウンタは数をかぞえる順序回路です．2進数の数をカウントアップするにはどのようにすればよいのでしょう．

右の図をみてください．よく考えると非常にあたりまえの話ですが，次のような規則があることがわかります．
(i) 1番下のケタは毎回反転する．
(ii) あるケタはそれより下のケタが全部「1」だったとき次のクロックで反転する．

例えば，下から4ケタ目は矢印のところで反転していることがわかります．自分より前のケタが全部「1」になると，その次のクロックでケタ上げが起こることを考えると，このことは非常にあたりまえなのです．

さて，JK-FFのJとKを結ぶと，この端子が「1」のときは次のクロックでこのFFは反転し，「0」のときは，今までの状態を保持します．したがって，次のようにすればよいのです．

> 「自分の前のケタが全部「1」だったらそのケタに相当するFFのJとKを結んだ端子を「1」とし，ほかの場合はこの端子を「0」とする」

このことは図2・42のような回路（並列キャリ方式同期カウンタ）で実現できます．しかし，このようにするとケタが多くなるにつれ，ANDゲートの入力の数が多くなって大変です．これに対し，

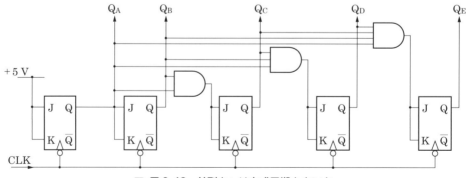

■ 図2・42　並列キャリ方式同期カウンタ

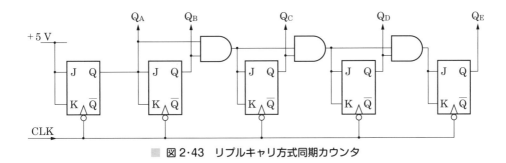

■ 図 2・43　リプルキャリ方式同期カウンタ

図 2・43 のような回路（リプルキャリ方式同期カウンタ）を考えてみます．

このようにするとカウンタの段数が増えても，AND ゲートの入力の数は多くなりません．ではこれでめでたし，めでたしかというと実はそうではありません．前述の並列キャリ方式は常にゲート 1 段分のディレイで「下の全ケタが 1 である」という情報が伝わりますが，下のリプルキャリ方式は n ケタ目に 1 番下のケタが「1」であるという情報が伝わるのに $n-2$ 段分のディレイを要します．「下の全ケタが 1 である」という情報は次のクロックが来るまでに確定しなければなりません．したがって，リプルキャリ方式の同期カウンタの動作する最大周波数 f_{max} はゲート 1 段のディレイを t_{pd} とすると

$$(n-2)\ t_{pd} < \frac{1}{f_{max}}$$

$$f_{max} < \frac{1}{(n-2)t_{pd}}$$

となります．

すなわち，リプルキャリ方式はゲートの入力の本数が増加しない代わりに動作周波数は n が大きくなるにつれ低下してしまいます．ではどうするかというと，実際はこの両者を組み合わせて用います．同期カウンタには専用の IC（74161，74163 など）がありますが，この IC の内部では並列キャリ方式になっており，IC 同士を接続するときにはリプルキャリ方式を用います．

2・3・2　同期カウンタの IC

図 2・44 に代表的な同期カウンタの 74160〜74163 のピン配置を示します．これらの IC は表 2・5 のような相異点があります．

いま，2 進カウンタ 74161，74163 に話をしぼりましょう．

これらのカウンタは，任意の初期値を設定（プリセット）してその値からカウントアップすることが可能です．各ピンの機能を表 2・6 に示します．

図 2・45 のタイミングチャートをみるとこの同期カウンタの動作がわかります．

まず，非同期クリアと同期クリアの相違がわかるかと思います．すなわち，非同期クリアである 74161 は CLEAR が L になった瞬間に Q_A〜Q_D がすべて 0 になりますが，同期クリアの 74163 は

2章 順序回路

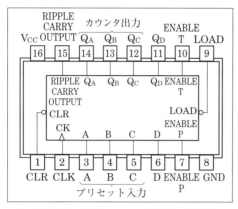

■ 図2·44　同期カウンタ 74160，74161，74162，74163 のピン配置図

■ 表2·5　さまざまな同期カウンタ

74160	10進カウンタ	非同期クリア
74161	2進4ケタカウンタ	非同期クリア
74162	10進カウンタ	同期クリア
74163	2進4ケタカウンタ	同期クリア

■ 表2·6　各ピンの機能

Q_A～Q_D	カウンタの出力
A～D	プリセット用の入力
CLOCK（CLK）	クロック入力
LOAD（LD）	プリセットを行うための端子．この端子をLにし，クロックが立ち上がったとき初期値の設定が行われる
CLEAR	CLEAR＝Lでカウンタは0000になる．クロックに合わせてクリアが行われるもの（同期クリア）と，クロックに関係なく直接クリアが行われるもの（非同期クリア）がある
ENABLE P ENABLE T	カウンタをカウント/ストップさせる端子 P＝1，T＝1でカウンタはカウント動作を行う
RIPPLE CARRY OUTPUT（RCO）	このカウンタの4ケタがすべて「1」であることを示す

CLEARがLになり，かつクロックが立ち上がらないとクリアがかかりません．

次にプリセットが行われる様子が示されています．LDがLとなり，クロックが立ち上がった瞬間に，Q_A～Q_DにはA～Dの値がセットされます．すなわち，この場合1100→12になるのです．これらの操作はENABLE P，ENABLE Tに関係なく行われる点にご注意ください．

ENABLE P，ENABLE Tを両方ともHにすると，カウントが開始されます．Q_A～Q_Dがすべて1（15）になったときにRIPPLE CARRY OUTPUTが1になることがわかります．

2・3 順序回路のビルディングブロック

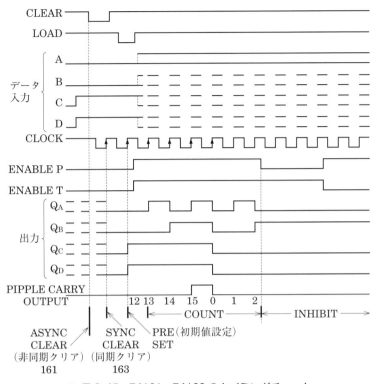

■ 図2・45　74161，74163のタイミングチャート

2・3・3 同期 n 進カウンタの作り方

同期 n 進カウンタは次のような方針で設計します．
「$n-1$ を検出し，次のクロックで0をセットする」

例えば，12進カウンタは図2・46のように作ります．すなわち，11を検出し，次のクロックで0をセットするのです．

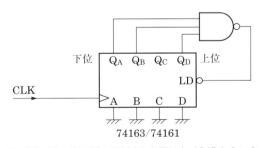

■ 図2・46　74163，74161を用いた12進カウンタ

079

2章 順序回路

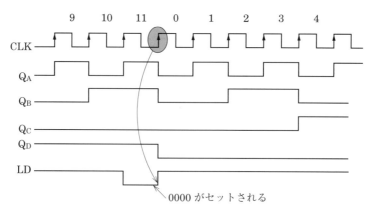

■ 図2・47　74163, 74161 を用いた 12 進カウンタのタイミングチャート

この 12 進カウンタのタイミングチャートを図 2・47 に示します．

LD はタイミングチャート上では，LD =「L」の両側のどちらのクロックの立上りで 0 がセットされるか迷うかもしれませんが，D-FF の 1 クロックディレイと同様の理由で後のほうの立上りで 0 がセットされます．

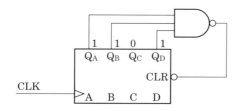

■ 図2・48　74163 の CLEAR を用いた 12 進カウンタ

74163 は同期クリアなので図 2・48 のような回路で全く同じことを行うことができます．

非同期クリアの 74161 でこれを行うと 11 進カウンタとなり，「0」に値を変更する際に細かいパルスを生じてしまいます．

このような方法は，多入力の NAND ゲートを必要としますが，図 2・49 のようにするとインバータ 1 個で 12 進カウンタが構成できます．もっともこのカウンタは $4 \to 5 \to \cdots \to 15$ と数える同期カウンタです．

2・3・4 同期カウンタの連結

ENABLE T，ENABLE P はカウンタを止めたり動かしたりする端子ですが，図 2・50 の回路をみると T のほうだけ RCO のゲートに入力されていることがわかります．すなわち
「T = 1 かつ $Q_A \sim Q_D$ が全部 1 のとき RCO が 1 となる．P は RCO と無関係」
ということがわかります．このような特徴から T と P は次のように使い分けられます．

　　　T：カウンタの連結用

2・3 順序回路のビルディングブロック

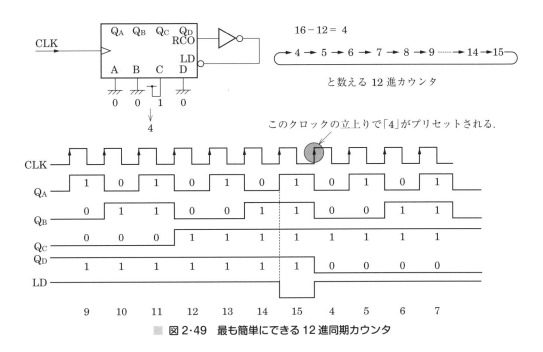

図2・49 最も簡単にできる12進同期カウンタ

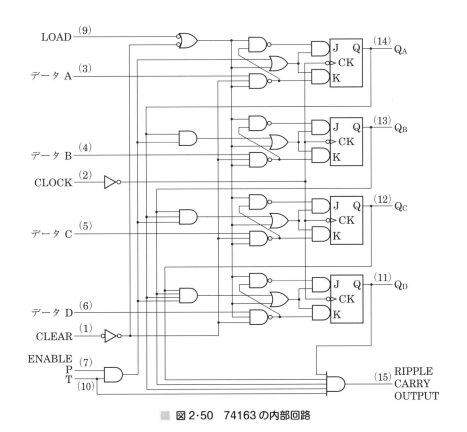

図2・50 74163の内部回路

P：カウンタのスタート/ストップ用

74161，74163同士を連結し，多ケタのカウンタを作る場合，図 2・51のような回路を用います．

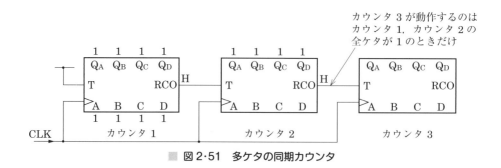

図 2・51　多ケタの同期カウンタ

このように接続すると，カウンタ3が動作するのはカウンタ1，カウンタ2の全ケタが「1」になったときだけであり，同期カウンタの動作原理どおりにカウントアップが行われることがわかります．

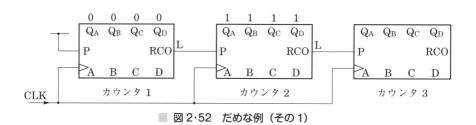

図 2・52　だめな例（その1）

誤ってPを用いると，図 2・52のようにカウンタ3はカウンタ2の全ケタが「1」になりさえすれば，カウンタ1の値とは無関係に動作してしまい，正常なカウントアップが行えません．また，図 2・53の回路は同期カウンタの利点を殺してしまうもので絶対に避けなければなりません．

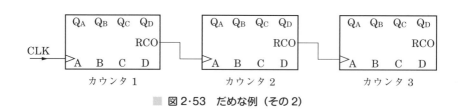

図 2・53　だめな例（その2）

2・3・5　同期カウンタの応用

回路例を例題によって検討していきます．

2・3 順序回路のビルディングブロック

▶▶ **例題 2.6** ◀◀

図 2・54 の回路を解析せよ．

▶ **答** ◀

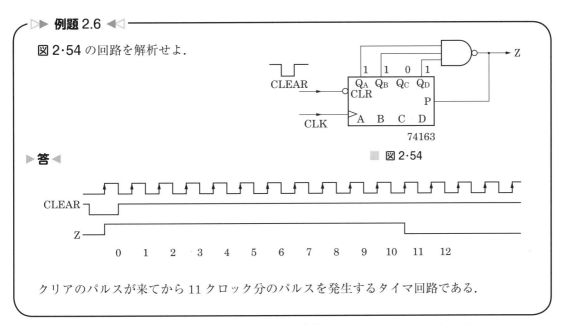

■ 図 2・54

クリアのパルスが来てから 11 クロック分のパルスを発生するタイマ回路である．

例題 2.6 の回路は，クリアのパルスが来てから一定数のクロック分だけ出力 Z が H レベルになるものです．クロックに水晶発振子などを用いると非常に正確なタイマを作ることができ，例題 2.8 で説明するマンチェスタ符号のデコーダなどによく用いられます．

▶▶ **例題 2.7** ◀◀

1 Hz のクロックと，0〜9 までの数字を表示する表示器が 2 ケタ分ある．0〜59 sec まで計れるストップウォッチを設計せよ．

▶ **答** ◀ 10 進カウンタと 6 進カウンタを組み合わせる．

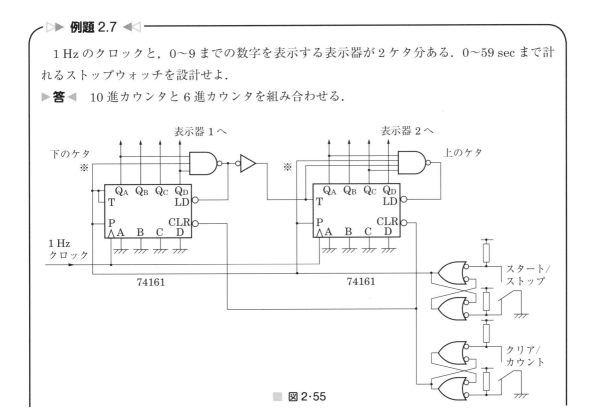

■ 図 2・55

図2·55中の※印は，カウンタを止めた際LDが行われなくなるための線である．P＝Lにしてカウンタを止めてもプリセットは行われるので，この線がないと上のケタは「5」が，下のケタは「9」が出なくなってしまう．

今度は少し難しい問題です．

▶▶ 例題2.8 ◀◀

マンチェスタコードはデータを直列に転送する場合のコード化の方法の1つである．図2·56に示すように周期 T ごとの立上りエッジが「1」を表し，立下りエッジが「0」を表す．ノイズに強いため，特に長距離の伝送によく用いられる．

このマンチェスタコードの解読器を設計せよ．

ただし，送信の最初には初期データ（１０１０……１０）を送るものとする．

■ 図2·56 マンチェスタコード

▶**答**◀ マンチェスタコードは，データの立上り・立下りが意味をもつため，まず例題2.2で示した同期微分回路を用いて，データの立上り，立下りを検出してやる．このための回路を図2·57に示す．例題2.2の回路は立上りだけを検出するが，この回路は立上り・立下りをともに検出する．クロックは周期 T の1/16の周期（16倍の周波数）を用いる．

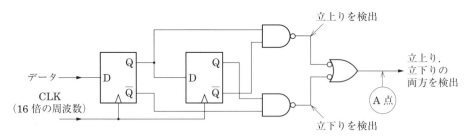

■ 図2·57 立上り，立下りの両方を検出する同期微分回路

図2·57のA点におけるパルスは図2·58のAのようになる．

ところが，A点には※印で示すような余計なパルスが現れる．そこで，Bに示すように12/16Tの時間だけLレベルになるような信号を作り，余計なパルスを消してやる．このためには例題2.6で示したタイマ回路を用いればよい．次にBの立上りでデータを記憶してやる．立ち下がる前には「1」，立ち上がる前には「0」が記憶されるため，この信号Cを反転させて

やれば D のように解読されたデータが得られる．図 2・59 に全体の回路を示す．

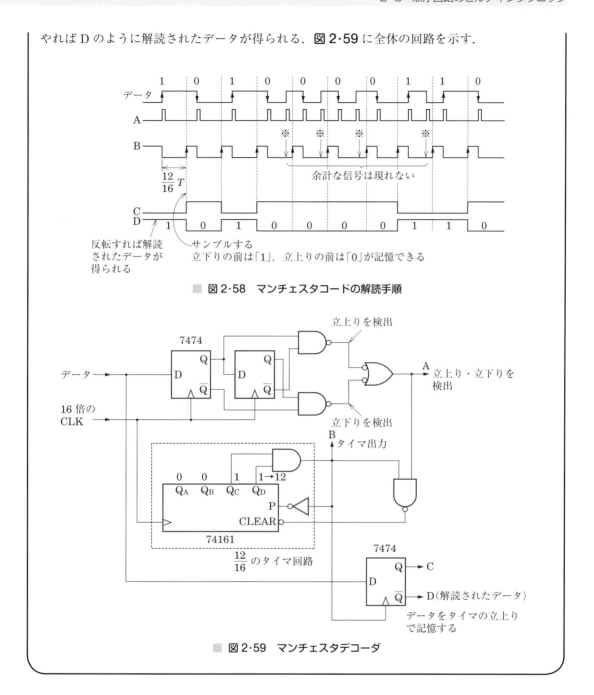

図 2・58　マンチェスタコードの解読手順

図 2・59　マンチェスタデコーダ

　カウンタにはもう 1 つ作り方があります．1 つのフリップフロップの出力を次のフリップフロップのクロックに接続していくと，クロックの周波数が半分になっていき，結果として数を数えることができます．これを非同期カウンタと呼びます．図 2・60 にこの様子を示します．簡単にカウンタができる利点がありますが，単一クロックで同期されていないため，出力の変化に時間的なズレを生じ，トラブルが生じやすいため，最近はあまり使われなくなりました．

2章 順序回路

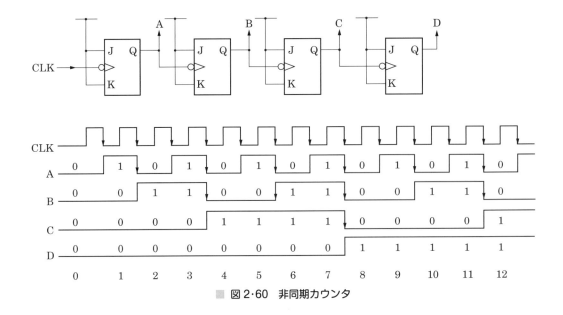

図2·60 非同期カウンタ

2·3·6 シフトレジスタの原理

シストレジスタのお話はD-FFのところ（2·1·6項）で一通り行いました．情報がクロックに同期して1ビットずつFFを移動していくのがシフトレジスタの基本的動作でしたが，それだけでは実際の役には立ちません．

シフトレジスタは次のような方法でデータを変換します．
（ⅰ） 数ビット並列のデータを，1ビットずつ順番に出力される直列のデータに変換する．
　　　（並列→直列）
（ⅱ） 1ビットずつ順番に入力されたデータを，数ビットまとめて1単位として出力する．
　　　（直列→並列）

（ⅰ）の動作はシフトレジスタに値をセットしてから順にシフトしていくことにより行い（**図2·61**(a)），（ⅱ）の動作は順にシフトして入力し，所定のビットがまとまったら並列に出力すること

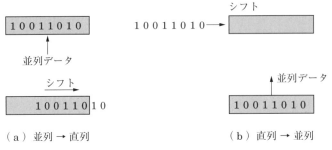

(a) 並列 → 直列　　　　　　　　(b) 直列 → 並列

図2·61 シフトレジスタによる直列・並列の変換

によって行います（同図（b））．

並列→直列の代表的なものとして74165，直列→並列の代表的なものとして74164を紹介します．

2・3・7 並列⟷直列変換用シフトレジスタ

(1) 74164　74164はシリアルイン，パラレルアウトのシフトレジスタです（図2・62）．図2・63のブロック図をみるとわかるようにシリアル入力は2本ありますが，両方とも同じNANDゲートに入っています．内部に見慣れないFFがありますが，これはクロック付RS-FFといい，この場合，図2・62のようにJK-FFとほぼ同じ動作をすると考えても大丈夫です．

タイミングチャートをみるとわかると思いますが，INPUT A，INPUT Bの片方を信号入力に用い，もう片方をゲート信号に用います．このタイミングチャートではINPUT B＝Hのときに，INPUT Aの入力がシフトレジスタに入れられ$Q_A \to Q_B \to Q_C \to Q_D$……と1クロックごとに伝わります．

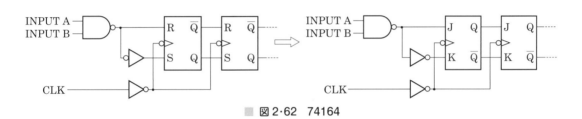

■ 図2・62　74164

(2) 74165　74165はパラレルイン，シリアルアウトのシフトレジスタです．SHIFT/LOADという端子をLにすると，入力A〜Hの値がQ_A〜Q_Hに強制的に設定されます．同期カウンタ74161，74163と違って，このレジスタの初期値設定は非同期的に行われるので，SHIFT/LOAD＝Lにした瞬間にQ_A＝A，Q_B＝B，……，Q_H＝H（このHは入力Hのこと）となります．

さて，次にこの端子をHにすると図2・64に示すようにクロックに同期してSERIAL INPUT→$Q_A \to Q_B \to Q_C \to \cdots \to Q_H$と次々に値がシフトしていきます．SERIAL INPUTはシフト動作を行うときの直列入力で，この値がQ_Aに入っていきます．このシフトレジスタにはCLOCK INHIBITという端子があって，これをHにすると，クロックが止まってしまったのと同様の効果があり，いくらクロックが入っても値はシフトされません．

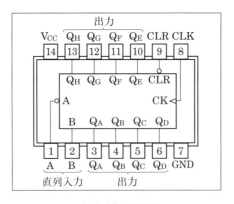

(a) ピン配置図

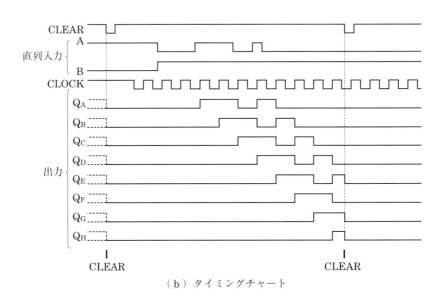

(b) タイミングチャート

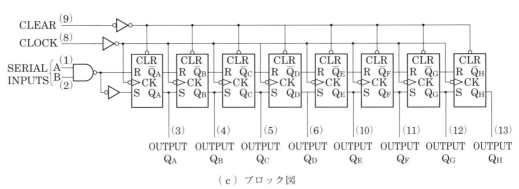

(c) ブロック図

■ 図2·63　シリアルイン，パラレルアウトのシフトレジスタ 74164

2・3 順序回路のビルディングブロック

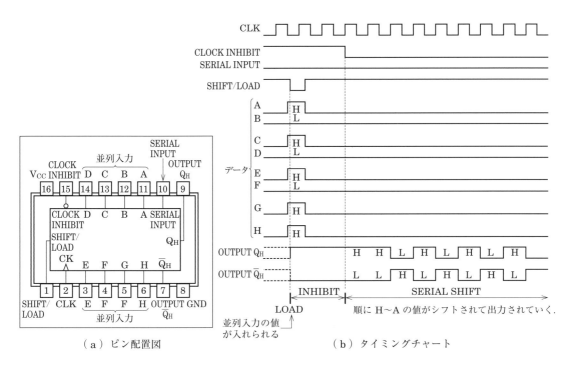

(a) ピン配置図　　　(b) タイミングチャート

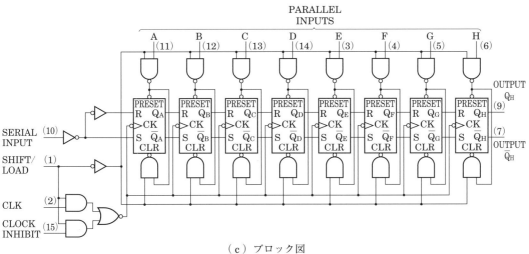

(c) ブロック図

■ 図2・64　パラレルイン，シリアルアウトのシフトレジスタ 74165

▶▶ 例題 2.9 ◀◀

74165 に図 2·65 に示す入力を与えた．出力 Q_H はどのようになるか．

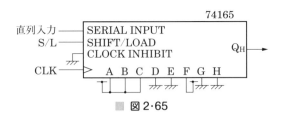

■ 図 2·65

▶ 答 ◀

Q_H からは H，G，F，E……の値が順番に現れ，8 クロック目から SERIAL INPUT より直列入力されたデータが現れる（**図 2·66**）．

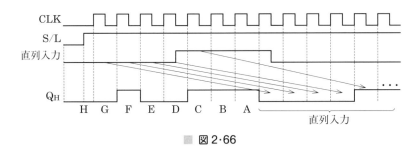

■ 図 2·66

◆ ◆ 演 習 問 題 ◆ ◆

【2·1】 DラッチとD-FFに図2·67のような入力信号およびクロックを与えた．出力はどうなるか（ただし，D-FFはクロックの立上りに反応するものとする）．

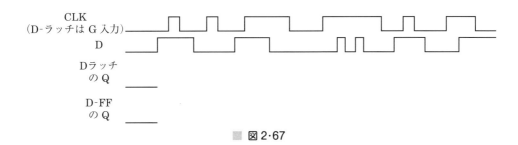

図2·67

【2·2】 JK-FFに図2·68のような入力信号およびクロックを与えた．出力はどうなるか（ただし，JK-FFはクロックの立下りに反応するものとする）．

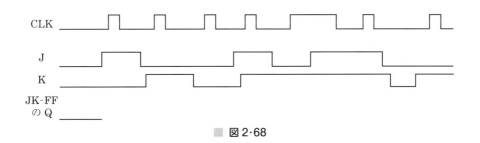

図2·68

【2·3】 図2·69の回路に次の入力を与えた．各点（Q_A，Q_B，Q_C）の出力波形を求めよ．

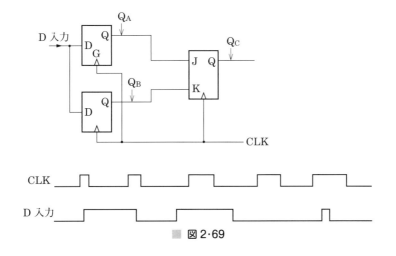

図2·69

2章 順序回路

【2・4】 図2・70の回路について次の問に答えよ．

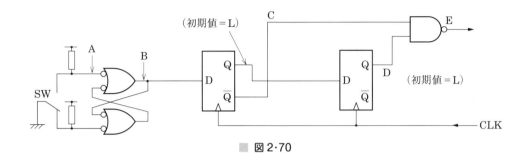

■ 図2・70

（1）タイミングチャートを完成させよ．

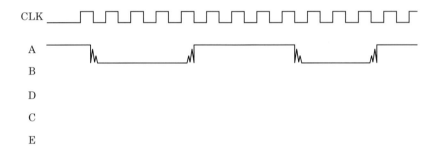

（2）図2・70の回路はどのような役割を果たすか．

【2・5】 図2・71の回路を解析しタイミングチャートを書け．ただし，初期値はA，BともにLであるとする．

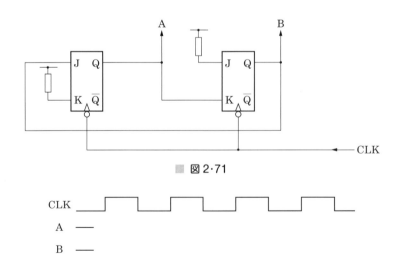

■ 図2・71

演習問題

【2·6】 図2·72の回路を解析せよ.

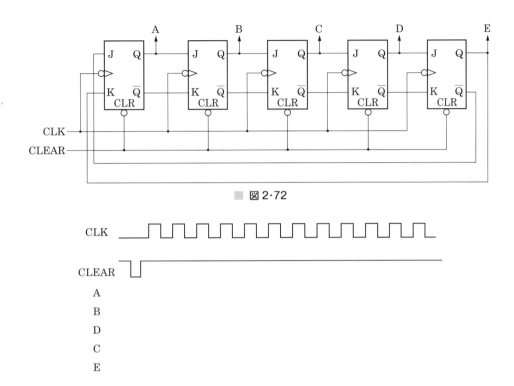

■ 図2·72

【2·7】 図2·73について次の問に答えよ.

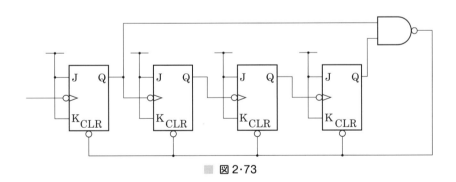

■ 図2·73

（1） この回路の名称を述べよ.
（2） この種のカウンタの欠点は何か簡単に説明せよ.
（3） これと同じ働きをするカウンタを同期カウンタ74163を用いて構成せよ.

【2·8】 $\rightarrow 3 \rightarrow 4 \rightarrow 5 \rightarrow 6 \rightarrow 7 \rightarrow$ と数えるカウンタを設計せよ.

2章 順序回路

【2・9】 同期 34 進カウンタを設計せよ．

【2・10】 2ケタの BCD カウンタ（0〜9 を数えるカウンタ）を設計せよ．

【2・11】 ある入力の立上りを検出し，5 msec のパルスを発生するワンショット回路を設計せよ．クロックの周期は 2 kHz とする．

【2・12】 74165 に図 2・74 に示す入力を与えた．出力はどのようになるか．

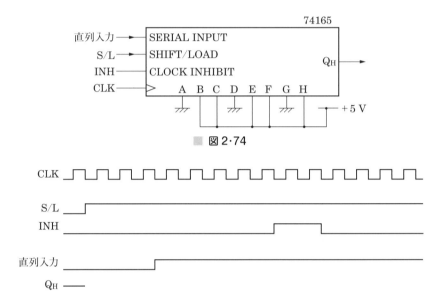

■ 図 2・74

【2・13】 IN=L のときは $\rightarrow 1 \rightarrow 2 \rightarrow 3 \rightarrow 4 \rightarrow 5 \rightarrow 6 \rightarrow$ と数え，IN=H のときは $\rightarrow 1 \rightarrow 3 \rightarrow 5 \rightarrow$，すなわち半の目しか出なくなる，いかさまサイコロ用カウンタを順序回路の設計法により設計せよ．

3章　ディジタルデバイス

3・1　3章以降の基礎知識

いままでの1章，2章では，完全に理想化されたディジタル回路を扱ってきました．しかし，これ以降の章では，もう少し現実に近いところを扱います．このため，多少の電気の知識が必要とされます．しかし，必要なのは，ほんの少しです．

これから，その必要最小限の知識を勉強しておきます．電気が得意な方はこの部分は飛ばして読んでください．

これからの章で使う法則は，次の2つです．両方とも，とても基本的で簡単なものです．

3・1・1　オームの法則

図3・1のように抵抗 R〔Ω〕に E〔V〕の電圧をかけると I〔A〕の電流が流れます．
このとき

$$I = \frac{E}{R}$$

の関係が成り立ちます．

逆に電流 I が抵抗 R を流れると

$$E = IR$$

■ 図3・1　オームの法則

の電圧降下を生じます．これをオームの法則といいます．

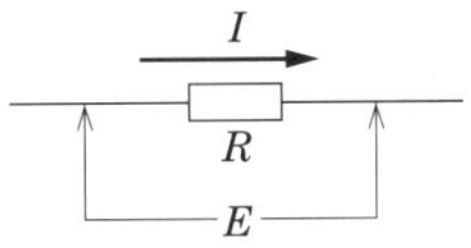

3・1・2　キルヒホッフの第1法則

名前はいかめしいのですが，実は非常に簡単な法則です．ある点に流れ込む電流（I_2, I_5）と流れ出す電流（I_1, I_3, I_4）は等しいというものです．図3・2の場合

$$I_2 + I_5 = I_1 + I_3 + I_4$$

ということになります．

すなわち，電流は勝手に発生したり消滅したりしないというのがキルヒホッフの第1法則です．

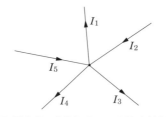

■ 図 3·2　キルヒホッフの第 1 法則

3·2　CMOS

　現在のディジタル IC のほとんどは CMOS（Complementary Metal Oxide Semiconductor）と呼ばれる技術で作られています．CMOS は nMOSFET，pMOSFET という 2 種類のトランジスタを組み合わせて作ります．MOSFET はトランジスタの一種ですが，3·4·2 項で紹介するバイポーラトランジスタと違って，スイッチに近い動作をします．図 3·3 に示すような記号で，ゲート（G），ソース（S），ドレイン（D）の三端子をもっていて，G の電圧で S と D の間を ON/OFF を制御します．nMOS は，G = H で S と D が ON になり，G = L で OFF になります．ON になるとくっついたのと同じ，OFF は切れたのと同じと考えていいです．pMOS は逆に G = L で S と D が ON になり，G = H で OFF になります．

■ 図 3·3　MOSFET

　CMOS 回路はこの 2 種類のトランジスタを相補的（Complementary）につなぐことで，ディジタル回路のゲートを作ります．相補的というのは，聞きなれない言葉ですが，要するに，nMOS と pMOS のペアを作り，片方が直列ならもう片方は並列になるようにつないで，片方が ON ならばもう片方は OFF になるようにする方法です．

　図 3·4 をみてください．この例では nMOS が 2 個直列に，pMOS が 2 個並列につながっており，入力の A，B が nMOS，pMOS のそれぞれ 1 つずつに接続されています．中央の Y が出力です．A と B のどちらかがあるいは両方が L ならば，pMOS が ON になって Y は上側の電源（V_{DD}）とくっつきます（同図(a)）．このとき直列接続の nMOS は片方または両方が OFF なので切れています．つまり H レベルが出力されます．A，B が両方とも H のときにだけ，nMOS は両方 ON，pMOS は両方 OFF となって，Y はグランドレベルにくっつきます（同図(b)）．つまり L が出力されるの

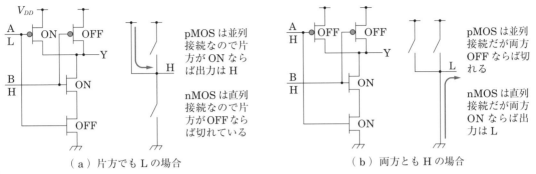

■ 図3・4　CMOS NAND 回路

です．これはNANDゲートに当たります．直並列の組合せを変えることで，さまざまな機能の論理回路を作ることができます．

> ▶▶ 例題 3.1 ◀◀
>
> 図3・5の回路はどのような論理ゲートに相当するか．
>
>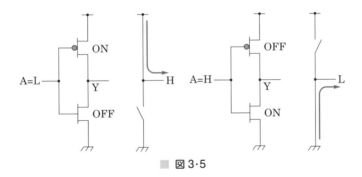
>
> ■ 図3・5
>
> ▶答◀　AがHのとき，nMOSがONになり，YはGNDとくっつきLになる．AがLのときはpMOSがONになり，Yは電源とくっつきHが出力される．すなわち，NOTゲートあるいはインバータである．

CMOSは，直並列の組合せでシステマチックに論理回路が構成できます．図3・6(a)はこの例です．Yを基準として下側にnMOSを，上側にpMOSを配置し，以下のルールを守って接続します．
(1)　必ずnMOSとpMOSのペアで1つの入力を共有する．
(2)　nMOSを並列に接続した場合，対応するpMOSは直列に，nMOSを直列に接続した場合，対応するpMOSは並列に接続する．

ここではnMOSに注目しましょう．図3・6の例では出力Yは，BかCがHレベルになり，A

3章　ディジタルデバイス

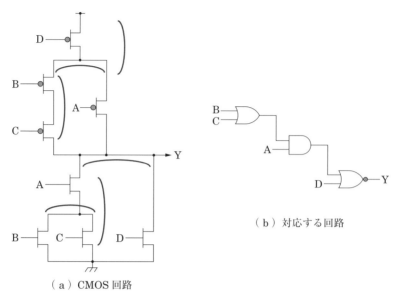

（a）CMOS 回路　　　（b）対応する回路

図 3・6　直並列の組合せ

が H レベルになると nMOS 側の回路を通じてグランドレベルにくっついて L になります．D が H でも同様です．その他の場合は電源にくっついて H レベルになります．これを論理回路で表現すると同図（b）のようになります．nMOS 側に注目すると，直列接続は AND，並列接続は OR ゲートに相当することがわかります．

このような回路の作り方で，入力がアクティブ H で出力がアクティブ L（あるいは入力がアクティブ L で出力がアクティブ H）の回路ならばなんでも作ることができます．これを CMOS の複合ゲートと呼びます．回路図から対応する複合ゲートを作る場合は，以下のステップで行います．

（1）　まず nMOS 側の下半分を作る．AND ゲートは nMOS の直列接続，OR ゲートは pMOS の直列接続で実現する．出力はアクティブ L になっているはずである．

（2）　次に nMOS が直列ならば並列，並列ならば直列に pMOS を接続して上半分を作る．

図 3・7 の例題をやってみましょう．

▶▶ **例題 3.2** ◀◀

図 3・7 のゲートに対応する CMOS の回路図を作れ．

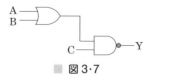

図 3・7

▶**答**◀　下図のようになる．

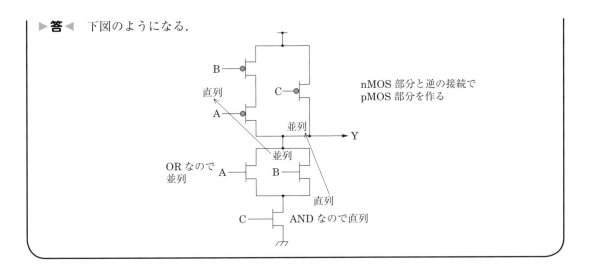

　複合ゲートは便利ですが，入力と出力のアクティブレベルが逆でなければ作れません．これは下半分にnMOSを使い，上半分にpMOSを用いるためです．なぜ，入力，出力のアクティブレベルが同じ回路ができないのでしょうか．それは，nMOS，pMOSはスイッチとみなせるとはいっても，伝えるレベルに向き不向きがあるためです．nMOSはLレベルを伝えるのが得意です．より正確にはH→Lの変化を速く伝えることができます．逆にpMOSはHレベルを伝えることが得意でL→Hの変化を速く伝えることができます．いままでの回路はpMOSを電源側，nMOSをグランド側に配置することにより，それぞれが得意なレベルを伝達できるようになっています．逆にpMOSをグランド側に，nMOSを電源側に使うと，大変遅いゲートができてしまい使い物にならないのです．ANDゲートはNANDの後にNOTを置き，ORゲートはNORの後にNOTを置きます．NOTゲートは2つのトランジスタででき，非常に高速なのでANDゲートはこちらの方法で作ったほうがずっと有利です．

　さて，いままで紹介した回路はnMOSとpMOSが相補的に動きました．nMOSがONのときはペアのpMOSはOFFになり，逆にnMOSがOFFのときはペアのpMOSがONになります．図3・8の回路はこの逆で，両方が揃ってONになったりOFFになったりします．ONになるとA

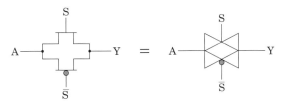

pMOSがONのときnMOSもON
pMOSがOFFのときnMOSもOFF
　　　　　　　→ ON/OFFのスイッチ

相補的なCMOSと全く逆の動きをする

■ 図3・8　トランスミッションゲート

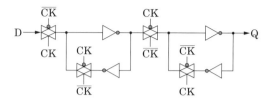

■ 図3·9　トランスミッションゲートを使って作ったD-FF

とYがくっつき，OFFのときには切り離されます．これは一種のスイッチの働きをし，トランスミッションゲート（トランスファーゲート）と呼ばれます．このスイッチは大変簡単に実現でき，2章で示したDラッチやD-FFの中身に使います．図3·9に，トランスミッションゲートを使ったD-FFを示します．図2·16に示したスイッチ部分が2つのトランスミッションゲートの組合せで実現されています．トランスミッションゲートは，5·3節で紹介するFPGA内のスイッチにも利用されます．

3·3　CMOSの電気的特性

3·3·1　ディジタル回路の規格表

ディジタル回路を設計する場合，使おうとする素子がどのような条件，すなわち電源電圧，入力電圧，出力電流，温度で使うことができるかを知る必要があります．これを動作条件あるいは推奨動作条件と呼びます．次に動作速度を考えない静特性（DC特性）と動作速度に関する動特性（AC特性）をよく理解して設計を行います．これらの条件や特性はその素子の規格表に示されています．規格表は各社のホームページでみることができます．ここでは標準CMOSディジタルIC 74VCX00を例にとってその見方を解説します．このディジタルICは74シリーズの生き残りで，図3·10（図1·43再掲）に示すようにNANDゲートを4つ搭載しています．（株）東芝で製造しているTC74VCX00FXをモデルとしており，広い電源電圧で動作し，出力電流が大きい点が特徴です．

表3·1に動作条件を示します．ディジタル回路の電源電圧は1990年頃までは広く5Vが用いられていました．しかし，CMOSの製造技術（プロセスと呼びます）が微細化するとともに，3.3 V，2.4 V，1.8 V，1.2 Vとどんどん低くなり，最近のLSIは1.0 Vや0.8 Vで動作するものもあります．これは，微細化したトランジスタが高い電源電圧に耐えられないことと，電圧を下げることにより消費電力が減って有利になることによります．LSIの内部の電源電圧がこのように下がっていく一方，チップ間の入出力には3.3 V，2.4 Vなどやや高い電圧レベルが使われています．これはチップ間のディジタル信号レベルがあまりに低いと受け渡しが大変になるためです．74VCX00は1.2 Vから3.6 Vまで広い範囲の電源電圧と信号レベルで動作することがわかります．

入力電圧は3·3·5項〔1〕で紹介するラッチアップを防ぐために，電源電圧の範囲に制限されています．出力電流はそのチップからどれだけ電流が取り出せるか（流し込めるか）を示しており，

3・3 CMOSの電気的特性

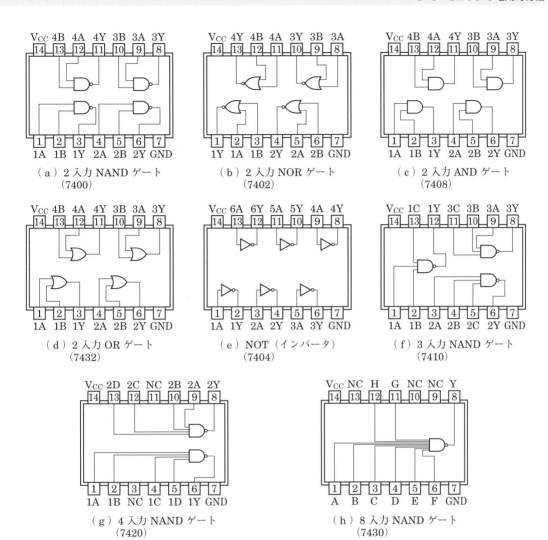

(a) 2入力 NAND ゲート
(7400)

(b) 2入力 NOR ゲート
(7402)

(c) 2入力 AND ゲート
(7408)

(d) 2入力 OR ゲート
(7432)

(e) NOT（インバータ）
(7404)

(f) 3入力 NAND ゲート
(7410)

(g) 4入力 NAND ゲート
(7420)

(h) 8入力 NAND ゲート
(7430)

■ 図3・10 （図1・43再掲）

■ 表3・1 動作条件

項　目	記　号	定　格	単　位
電源電圧	V_{CC}	1.2〜3.6	V
入力電圧	V_{IN}	−0.3〜3.6	V
出力電圧	V_{OUT}	0〜3.6	V
		0〜V_{CC}	
出力電流	I_{OH}/I_{OL}	±24	mA
		±18	
		±6	
		±2	
動作温度	T_{opr}	−40〜85	℃
入力上昇，下降時間	dt/dv	0〜10	nsec/V

電源電圧により数種類示されています．この制限をオーバーしても素子がすぐに破壊されるわけではありませんが，静特性が保証されなくなります．動作時の温度の範囲も指定され，ここでは－40℃から85℃になっています．ちなみに，半導体の世界では常温とは25℃を意味します．入力の上昇，下降時間も指定されていますが，これは3・6・3項のシュミットトリガ入力のところで解説します．

3・3・2　静特性

74VCX00の静特性を**表3・2**に示します．静特性のうち重要なものは次の3つです．
(1)　入出力特性（スレッショルドレベル）
(2)　駆動能力（ファンアウト）
(3)　漏れ電流
このうち漏れ電流は動的電流とまとめて3・3・4項で解説します．

■ 表3・2　74VCX00の静特性

項目		記号	測定条件	V_{CC} 〔V〕	最小	最大	単位
入力電圧	"H"レベル	V_{IH}	—	1.65〜2.3	$0.65 \times V_{CC}$	—	V
				2.3〜2.7	1.6	—	
				2.7〜3.6	2.0	—	
	"L"レベル	V_{IL}	—	1.65〜2.3	—	$0.2 \times V_{CC}$	
				2.3〜2.7	—	0.7	
				2.7〜3.6	—	0.8	
出力電圧	"H"レベル	V_{OH}	$V_{IN} = V_{IH}$ or V_{IL}				V
			$I_{OH} = -100\,\mu A$	1.65	$V_{CC}-0.2$	—	
				2.3〜3.6	$V_{CC}-0.2$	—	
			$I_{OH} = -24\,mA$	3.0	2.2	—	
			$I_{OH} = -18\,mA$	2.3	1.7	—	
	"L"レベル	V_{OL}	$V_{IN} = V_{IH}$ or V_{IL}				
			$I_{OL} = 100\,\mu A$	1.65	—	0.2	
				2.3〜3.6	—	0.2	
			$I_{OL} = 12\,mA$	2.3	—	0.4	
			$I_{OL} = 18\,mA$	2.3	—	0.6	
			$I_{OL} = 24\,mA$	3.0	—	0.55	
入力電流		I_{IN}	$V_{IN} = 0 \sim 3.6\,V$	1.65〜3.6	—	±5.0	μA
電源オフリーク電流		I_{OFF}	V_{IN}，$V_{OUT} = 0 \sim 3.6\,V$	0.0	—	10.0	μA
静的消費電流		I_{CC}	$V_{IN} = V_{CC}$ or GND	1.65〜3.6	—	20.0	
			$V_{CC} \leq (V_{IN},\ V_{OUT}) \leq 3.6\,V$	1.65〜3.6	—	±20.0	μA
		ΔI_{CC}	$V_{IH} = V_{CC} - 0.6\,V$（1入力当たり）	2.7〜3.6	—	750	

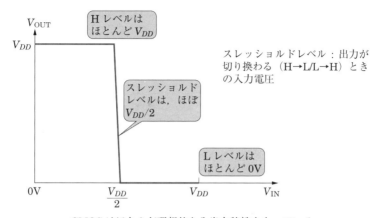

CMOSはほとんど理想的な入出力特性をもっている

■ 図3・11 CMOSの入出力特性

(1) CMOSの入出力特性　入出力特性とは，入力電圧を横軸に，出力電圧を縦軸にとったグラフで表されます．CMOSのNOTゲートの入出力特性を図3・11に示します．入力が0Vのときは，出力はほぼ電源電圧に等しいレベルになります．入力電圧を上げていくと，電源電圧のほぼ半分のところで，出力電圧は0Vに変化します．これは，この入力電圧でpMOSがONからOFF，nMOSがOFFからONに変化したためです．この入力電圧がディジタル的なLとHとの境目であり，スレッショルドレベル（Threshold Level：しきい値）といいます．CMOSの入出力特性は，Lレベルはほぼ0V，Hレベルはほぼ電源電圧となり，スレッショルドレベルが電源電圧の半分であることから，ほぼ理想的，といってよいです．

しかしCMOSが理想的なスレッショルドレベルをもっているとはいっても，規格表上は，スレッショルドレベルを電源電圧の半分である，と決めてしまうことはできません．スレッショルドレベルは，温度によって変化し，チップごとのばらつきもあります．また，入力電圧を上げていく場合と下げていく場合で微妙に電圧が違います．

ではどうするかというと，別にスレッショルドレベルを1本に決めてしまう必要はないことに気づきます．要はLレベルとHレベルの受渡しがきちんとできればよいのです．そこで次のような約束を決めます．出力側は，LレベルとしてはV_{OL}よりも低い電圧を，HレベルとしてはV_{OH}よりも高い電圧を出すことを保証します．一方，入力側はV_{IL}より低い電圧をLレベルとして，V_{OH}より高い電圧をHレベルとして認識することを保証します．V_{IL}とV_{OL}の間，V_{OH}とV_{IH}の間に差があれば，この分の余裕をもってレベルを受け渡すことができます．この様子を図3・12に示します．実際のスレッショルドレベルはV_{IL}とV_{IH}の間のどこかにあるのですが，それは気にしない，というのが工学的な考え方です．ここで，$V_{IL} - V_{OL}$，$V_{OH} - V_{IH}$は，レベルを受け渡す余裕に相当するので，雑音余裕度（ノイズマージン）と呼ばれます．

3章 ディジタルデバイス

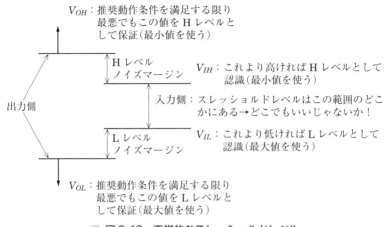

図 3・12 工学的なスレッショルドレベル

> ▶▶ 例題 3.3 ◀◀
>
> 74VCX00 を電源 $V_{CC} = 3.3$ V で利用し CMOS 同士を接続する場合のノイズマージンを計算せよ.
>
> ▶答◀ MOSFET は電圧駆動素子で,入力にはほとんど電流が流れない.このため,表 3・2 の一番電流の少ない $I_{OH} = -100\ \mu\text{A}$,$I_{OL} = 100\ \mu\text{A}$ の行を読む.
>
> L レベル:$0.8 - 0.2 = 0.6$ V
> H レベル:$(3.3 - 0.2) - 2.0 = 1.1$ V
>
> となる.

ここで規格表の V_{OH} は最小値,V_{OL} は最大値のみ示されているのに気づいた方がおられると思います.このことは考えてみれば当たり前で,V_{OH} は高い分にはいくら高くてもいい(といっても電源電圧 V_{CC} を超えるはずはない)ので,最小値だけを示せば十分なのです.V_{OL} も同じ理由によります.基本的に規格表は設計上最悪のケースを考えた値が示されています.最悪のケースを想定した設計をワーストケースデザインと呼びます.基本的にディジタル回路の設計はワーストケースデザインで行います.

(2) CMOS の駆動能力 ある CMOS の出力を複数の CMOS の入力に接続することを考えます.図 3・13(a)に示すように,H レベルの出力時には電流が流れ出ていきます.この状態のことをソースロードと呼びます.出力が L レベルの際は同図(b)に示すように,出力側から電流が流れ込んできます.この状態をシンクロードと呼びます.ソースロードでたくさん入力が接続されると流れ出る電流量が多くなって,出力レベルが下がってしまいます.流れ出る電流の量を規格表上では I_{OH} として示してあります.例えば 74VCX00 では電源電圧 3.0 V で 24 mA 流れ出ると,V_{OH} が 2.2 V まで下がります.このことでノイズマージンが 0.2 V になってしまいます.ちなみに,規格表上で

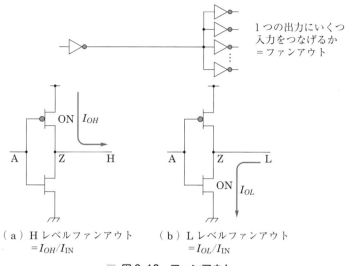

(a) Hレベルファンアウト
＝I_{OH}/I_{IN}

(b) Lレベルファンアウト
＝I_{OL}/I_{IN}

■ 図3・13　ファンアウト

の電流の方向は，家計簿と一緒で出ていく方向をマイナスとして示します．

逆に図3・13(b) に示したようにシンクロードでたくさん電流が流れ込むと出力レベルが上がってしまいます．流れ込む電流量 I_{OL} が24 mAになるとLレベルは0.55 Vまで上がり，ノイズマージンは0.25 Vまで小さくなります．しかし，CMOSは本質的に電圧駆動素子でできているため，入力電流は非常に小さいです．規格表上にはこれは I_{IN} として示されており，たったの5 μAです．例題3・3での計算は100 μAを想定したので，このノイズマージンを維持するためには100/5＝20個接続が可能です．ある素子の出力に同じ種類の素子を何個つなげるかをファンアウトと呼び，その素子の駆動能力の目安とします．この場合，ファンアウトは20となります．

もっとも74VCX00は出力電流が24 mAでもノイズマージンを維持できるので，マージンが減ってもよい場合，24000/5＝4800個つなげることになります．すなわち74VCX00においては電流の駆動能力の点ではいくらつないでも大丈夫，ということになります．しかし，1つの出力に入力をたくさんつなぐと，たくさんの入力容量が接続されることになり，ディジタル信号の伝搬が遅くなり，波形も乱れます．このため，チップ内部でもチップ同士でも10個前後にしておくのが普通です．ちなみに規格表上には24 mAのようにCMOSの入力としては大きすぎる値が示されていますが，この数値はこのNANDゲートをCMOS以外の素子，例えばLEDにつないで点灯させたり，リレーやスイッチを制御したりする場合のためです．

3・3・3　動特性（AC特性）

(1) 伝搬遅延時間　ディジタル回路の動作速度は，ディジタル信号の伝わる速さを示す伝搬(伝播)遅延時間で表します．図3・14はNOTゲートにディジタル信号が伝わる様子を示しています．ここで，素子の出力に関するHレベルとLレベルの50％に線を引き，伝搬遅延時間を以下のように定義します．

3章 ディジタルデバイス

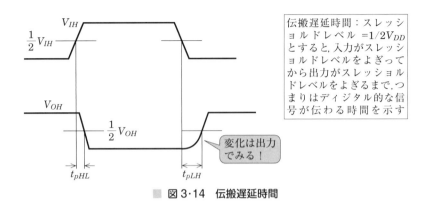

図3・14 伝搬遅延時間

t_{pHL}：入力が変化して50%の線に達してから，出力がHからLへ変化して50%の線を超えるまでの時間

t_{pLH}：入力が変化して50%の線に達してから，出力がLからHに変化して50%の線を超えるまでの時間

50%を素子のスレッショルドレベルと考えると，この時間はディジタル信号がその素子を通過するのに必要な時間に相当します．HレベルとLレベルは，その素子の出力が安定したときの電圧であり，電源とグランドではない点に注意してください．もっともCMOSは，Hレベルとしてほぼ電源レベル，Lレベルとしてほぼグランドレベルを出力するので，あまり気にする必要はありません．ちなみにCMOSはスレッショルドレベルがほぼ50%の線になりますが，スレッショルドレベルが50%にならないディジタル素子でも便宜上一律に50%を使います．

表3・3に74VCX00の伝搬遅延時間を示します．この表はさまざまな電圧のときの値が載っており，t_{pHL}とt_{pLH}の区別はしておらず，出力の変化の方向によらず遅延時間は同じと考えています．単位はnsec（ナノ秒）で10のマイナス9乗秒です．遅延時間は電源電圧が高くなるほど小さくなり，3.3 V動作時は2.8 nsecでかなり高速です．一方，1.2 V動作時には37 nsecになります．

表3・3　74VCX00の伝搬遅延時間

項　目	記　号	測定条件	V_{CC}〔V〕	最　小	最　大	単　位
伝搬遅延時間	t_{pLH} t_{pHL}	$C_L = 15$ pF $R_L = 2$ kΩ	1.2	1.5	37.0	nsec
			1.5 ± 0.1	1.0	14.8	
		$C_L = 30$ pF $R_L = 500$ Ω	1.8 ± 0.15	1.5	7.4	
			2.5 ± 0.2	0.8	3.7	
			3.3 ± 0.3	0.6	2.8	

3・3 CMOS の電気的特性

(2) STA（静的タイミング解析） ゲートが1個ではなく複数あった場合，あるいはビルディングブロックを使った場合，遅延時間の見積もりは若干複雑になります．図 3・15 に示す例を考えると，入力から出力までの経路は A，B，C の3つが考えられます．このうち一番通過ゲート数が多いのは経路 C なので，回路全体の遅延時間を考えるときは，この経路について計算します．このように最も長い経路のことをクリティカルパスと呼びます．

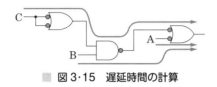

図 3・15　遅延時間の計算

▶▶ **例題 3.4** ◀◀

図 3・15 のクリティカルパスを計算せよ．ただし 3.3 V で動作するとせよ．
▶**答**◀　経路 C となり，2.8×3 = 8.4 nsec となる

次にビルディングブロックの場合について，データセレクタ 74VCX157 を例にとって紹介します．表 3・4 に 74VCX157 の伝搬遅延時間を示します．

表 3・4　74VCX157 の伝搬遅延時間

項　目	記　号	測定条件	V_{CC} 〔V〕	最　小	最　大	単　位
伝搬遅延時間 （A，B−Y）	t_{pLH} t_{pHL}	$C_L = 15$ pF $R_L = 2$ kΩ	1.2	3.0	35.0	nsec
			1.5 ± 0.1	2.0	14.0	
		$C_L = 30$ pF $R_L = 500$ Ω	1.8 ± 0.15	1.5	7.0	
			2.5 ± 0.2	0.8	3.5	
			3.3 ± 0.3	0.6	3.0	
伝搬遅延時間 （SELECT−Y）	t_{pLH} t_{pHL}	$C_L = 15$ pF $R_L = 2$ kΩ	1.2	3.0	45.0	nsec
			1.5 ± 0.1	2.0	18.0	
		$C_L = 30$ pF $R_L = 500$ Ω	1.8 ± 0.15	1.5	9.0	
			2.5 ± 0.2	0.8	4.5	
			3.3 ± 0.3	0.6	3.5	
伝搬遅延時間 （STROBE−Y）	t_{pLH} t_{pHL}	$C_L = 15$ pF $R_L = 2$ kΩ	1.2	3.0	45.0	nsec
			1.5 ± 0.1	2.0	18.0	
		$C_L = 30$ pF $R_L = 500$ Ω	1.8 ± 0.15	1.5	9.0	
			2.5 ± 0.2	0.8	4.5	
			3.3 ± 0.3	0.6	3.5	

3章　ディジタルデバイス

　対象とする回路が非常に複雑になると，人手でクリティカルパスをみつけて伝搬遅延時間を計算することが難しくなります．このような場合，CAD（Computer Aided Design）を用いてSTA（Static Timing Analysis：静的タイミング解析）を行い，クリティカルパスの遅延時間を解析します．STAを用いて回路の動作速度を見積もり，これに応じて設計を修正します．

(3) フリップフロップの動特性　順序回路においては，組合せ論理回路と別なところが問題になります．D-FFの74VCX574を例にとって説明しましょう．

　D-FFは，クロックの立上りでデータを記憶します．このためクロックの立上りの瞬間にデータが変化すると確実な記憶が行えなくなります．カメラに例えると，シャッタを切る瞬間に写そうとする物が動くとブレた写真が撮れてしまうのと同じです．このため，FFには次のような2つの条件が定められています（図3・16）．

（ⅰ）　t_{su}（セットアップタイム）：クロックが立ち上がる（FFによっては立ち下がる）前に入力が安定でなければならない時間．

（ⅱ）　t_h（ホールドタイム）：クロックの変化後，入力が安定でなければならない時間．

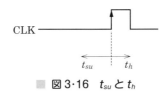

図3・16　t_{su} と t_h

　そのほかにも，クロックのパルスがあまりに細かいとデータを記憶できません．そのため，t_w（パルス幅）の最小値およびクロック周波数の上限（f_{max}）も定められています．FFはこれらの条件内で用いなければなりません．もちろん，FFにも伝搬遅延時間が存在します．これらの値を表3・5に示します．

　2・1・6項でD-FFの応用を解説したとき，図3・17のように接続すると後段のFFには変化前の値が記憶され，1クロック遅れるという話をしました．しかし，厳密にはこのことがうまくいくためには図3・17のように，前段のFFのt_{pHL}, t_{pLH}が次段のFFのt_hより長いことが必要になります．

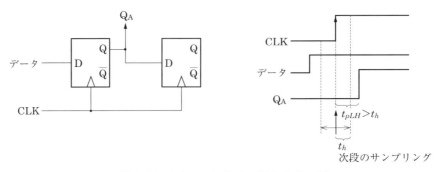

図3・17　1クロックディレイはうまくいくか

表3·5によると,t_h は 1.0 nsec で t_{pLH},t_{pHL} の 4.2 nsec より大分小さいので概ね大丈夫です.しかし,t_{pLH},t_{pHL} の最小値は 0.6 nsec なので,動作が完全には保証されないことがわかります.

■ 表3·5 フリップフロップの動特性

項　目	記　号	測定条件 V_{CC}〔V〕	最　小	最　大	単　位
最大クロック周波数	$f_{\max}$	1.2	40	—	MHz
		1.5±0.1	80	—	
		1.8±0.15	100	—	
		2.5±0.2	200	—	
		3.3±0.3	250	—	
伝搬遅延時間 （CK−Q）	t_{pLH} t_{pHL}	1.2	1.5	48.0	nsec
		1.5±0.1	1.0	19.2	
		1.8±0.15	1.5	9.6	
		2.5±0.2	0.8	4.8	
		3.3±0.3	0.6	4.2	
出力イネーブル時間	t_{pZL} t_{pZH}	1.2	1.5	49.0	nsec
		1.5±0.1	1.0	19.6	
		1.8±0.15	1.5	9.8	
		2.5±0.2	0.8	5.5	
		3.3±0.3	0.6	4.5	
出力ディセーブル時間	t_{pLZ} t_{pHZ}	1.2	1.5	32.5	nsec
		1.5±0.1	1.0	13.0	
		1.8±0.15	1.5	6.5	
		2.5±0.2	0.8	3.6	
		3.3±0.3	0.6	3.3	
最小パルス幅 （CK）	t_w（H） t_w（L）	1.2	24.0	—	nsec
		1.5±0.1	8.0	—	
		1.8±0.15	4.0	—	
		2.5±0.2	1.5	—	
		3.3±0.3	1.5	—	
最小セットアップ時間	t_{su}	1.2	20.0	—	nsec
		1.5±0.1	7.5	—	
		1.8±0.15	2.5	—	
		2.5±0.2	1.5	—	
		3.3±0.3	1.5	—	
最小ホールド時間	t_h	1.2	8.0	—	nsec
		1.5±0.1	3.0	—	
		1.8±0.15	1.0	—	
		2.5±0.2	1.0	—	
		3.3±0.3	1.0	—	

3章 ディジタルデバイス

▶▶ **例題** 3.5 ◀◀

図 3·18 の順序回路の最大動作周波数 f_{max} を計算せよ．

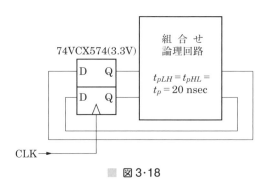

■ 図 3·18

▶**答**◀ 状態遷移が行われるためには

(D-FF の遅延) + (組合せ論理回路の遅延) + (D-FF の t_{su}) < $1/f_{max}$

が成り立つ必要がある．

$$4.2 + 20 + 1.5 = 25.7 \text{ nsec}$$

$$f_{max} = \frac{1}{25.7 \times 10^{-9}} = 38.9 \times 10^6$$

38.9 MHz

さて，2章で学んだように，順序回路はフリップフロップと組合せ論理回路で構成され，組合せ論理回路の遅延時間はクリティカルパスから求めることができます．組合せ論理回路で生成した次の状態は，次のクロックの立上りでフリップフロップに格納されなければなりません．つまり，次のクロックが立ち上がる t_{su} だけ前に組合せ論理回路から出力される必要があります．この様子を

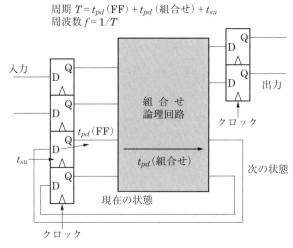

■ 図 3·19 同期式順序回路の動作周波数の計算

図3·19 に示します．このことから順序回路の動作する最も短いクロック周期は以下の式で求められます．

$$周期\ T_{\min} = \text{FF の伝搬遅延時間} + \text{組合せ論理回路のクリティカルパスの遅延} + \text{FF の } t_{su}$$

この逆数をとることで，最大動作周波数 $f_{\max}$ を求めることができます．

$$f_{\max} = 1/T_{\min}$$

では例題 3.6 をやってみましょう．

▶▶ **例題 3.6** ◀◀

2章で設計した電子サイコロカウンタが 74VCX574 と 74VCX00 で構成され，3.3 V の電源電圧で動作すると考えて，最大動作周波数を計算せよ．電子サイコロカウンタには 3 入力 NAND が必要だが，これも 74VCX00 と同じ遅延時間とせよ．ただし動作電圧は 3.3 V とする．

▶**答**◀　図 3·20 に示す回路構成となるため，組合せ論理回路のクリティカルパスは 74VCX00 の 3 段分になる．式より

$$T_{\min} = 4.2 + 3 \times 2.8 + 1.5 = 14.1 \text{ nsec}$$
$$f_{\max} = 1/14.1 = 70.9 \text{ MHz}$$

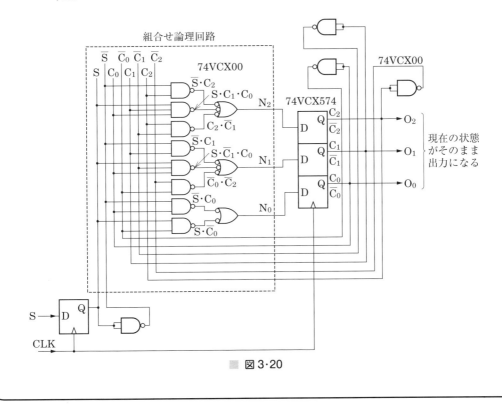

図 3·20

カウンタ，シフトレジスタなど順序回路のビルディングブロックも同じ手法で計算することができます．

3・3・4 消費電力

消費電力は，ディジタル回路の設計に際して重要なものです．携帯用の製品ならばバッテリーの消費に影響しますし，大規模かつ高性能なディジタル機器においては放熱，冷却設備，電源設備，電気料金に影響します．電力＝電圧×電流なので，規格表には電流が載っていて，これに電圧を掛け合わせて電力を計算します．ディジタル回路の消費電流は，静的（漏れ）電流と動的（動作）電流の和になります．

静的電流は静特性の表 3・2 に掲載されており，20 μA です．動作原理を考えるとわかるのですが，CMOS は pMOS か nMOS のどれかが OFF になって回路が必ず切れているため，動作していない場合の電流は漏れ電流だけになります．漏れ電流は微細加工技術が進むほど，また高速に動作する FET ほど大きくなってしまいます．動作していなくてもバッテリーを消費してしまうことから，最近特に携帯機器ではやっかいな問題になりつつあります．漏れ電流を減らすために，遅いけれど漏れ電流が少ない FET を使って動作しない回路モジュールの電源を切ってしまうパワーゲーティングという手法が使われています．

一方，動作電流は，MOSFET が ON から OFF あるいは OFF から ON に切り換わる瞬間に流れます．このため，FET 内の容量と負荷となる容量が増えるほど，また，ON/OFF のスイッチング頻度 f が高くなるほど増えます．動作電流 I は次の式で表されます．

$$I = 1/2 \times (負荷容量 + 内部容量) \times V_{DD} \times f$$

しかし，ディジタルデバイスの内部容量を正確に知るのは難しいことから，74VCX00 では消費電流から逆に内部等価容量を求めており，この値は 20 pF です．したがって，無負荷時の動作電流は

$$20 \times 10^{-12} \times V_{DD} \times f$$

で求めることができます．

▶▶ **例題** 3.7 ◀◀

74VCX00 の 3.3 V，50 MHz 動作時の無負荷時動作電流を求めよ．
▶**答**◀　$20 \times 10^{-12} \times 3.3 \times 50 \times 10^6 = 3.3$ mA

動作電流を小さくするためには，電源電圧と動作周波数を落とす必要があります．しかし，動作周波数を落とすと性能も落ちてしまいます．そこで，性能が必要な場合に電源電圧と動作周波数を上げ，そうでないときには下げる技術が使われます．これを DVFS（Dynamic Voltage Frequency Scaling）と呼びます．また，使っていない回路は極力 ON/OFF させないことも重要です．このために使っていないフリップフロップのクロックを止めてしまうクロックゲーティングなどの方法が使われます．

3·3·5 CMOS デバイスの使用上の注意

(1) ラッチアップ　CMOS は，p チャネルと n チャネルの両方の MOSFET を用いますので，どうしても寄生のトランジスタを作ってしまいます．この寄生のトランジスタがサイリスタという特殊な素子を構成し，これが動作してしまうことにより，過大電流によってラインが溶断してしまう現象をラッチアップといいます．

以前は CMOS はこのラッチアップによりかなり頻繁に破壊されましたが，最近は保護用のダイオードなどがチップに入れられるようになったため，発生の頻度が相当小さくなっています．

ラッチアップが発生するきっかけは正確には知られていないのですが，次のような場合に起こりやすいといわれています．

（ⅰ）　入出力に大容量のコンデンサ（キャパシタ）がある場合．
（ⅱ）　2 電源などを用い，入力に V_{DD} 以上の電圧がかかる場合．
（ⅲ）　電源ラインのインピーダンスが大きい場合．
（ⅳ）　電源ラインにノイズがある場合．

CMOS のメモリを電源電圧を落として，電池でバックアップする場合などに前述の条件が成り立ちやすく，だいぶ頭を痛めたことがあります．一般的に対策としては図 3·21 のように，抵抗やダイオードを入れる方法が用いられます．

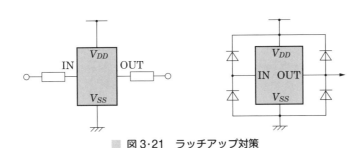

図 3·21　ラッチアップ対策

(2) 静電破壊　CMOS は高入力インピーダンスなので，何も接続せずに空気中に放っておくと，静電気により破壊されることがあります．最近はこの点に対しても保護対策がとられ，相当丈夫な IC が出てきましたが，やはり使う前には銀紙でくるんだり，導電性のあるスポンジ（黒い色が普通）にさすなどの注意が必要です．

前述のように CMOS は動作周波数が高いほど電流を消費します．このため，1 つのチップの中に使わないゲートがある場合，この入力を放っておくと，入力インピーダンスが高いためここにノイズがのり，全く役に立たない電流を消費する場合があります．このため CMOS の IC を用いる場合，使わない入力はきちんと接地してください．

3・4 バイポーラトランジスタと TTL

　CMOS 技術が発達した現在，TTL（Transistor-Transistor Logic）を代表とする通常のトランジスタを用いた論理回路は既に過去のものとなっています．このため，本書では簡単に原理のみ触れるに留めます．最初にダイオードとトランジスタのディジタル的な特性を知っておきましょう．

3・4・1 ダイオード

　ダイオードは，図 3・22 に示すような記号で表され，A → B の方向に電流を流すことができるが，逆の方向に流すことができないという性質をもっています．

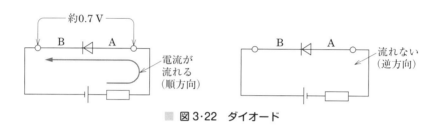

図 3・22　ダイオード

　電流が流れると A，B 間に 0.7 V 程度の電位差が生じます．この電圧をダイオードの ON 電圧といいます．この ON 電圧は，実はダイオードの材質によって異なり，シリコン（Si）という半導体ではこれが 0.7 V 程度で，ゲルマニウム（Ge）では 0.15 V 程度です．ディジタル回路で用いられるダイオードはシリコン製が多いので，この本ではダイオードの ON 電圧は約 0.7 V として扱います．

3・4・2 トランジスタ（バイポーラトランジスタ）

　トランジスタは図 3・23 に示す記号で表され，ダイオード，抵抗，コンデンサなどとは異なり，増幅作用をもった能動素子です．

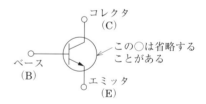

図 3・23　トランジスタ

　トランジスタは，いろいろな用途に使うことができますが，ディジタル回路に用いる場合，完全に直流的に動作すると考えても大きな間違いは生じません．すなわち，トランジスタには ON と OFF の 2 つの状態しか存在しないと考えます．

　いま，図 3・24 に示すようにトランジスタのベースに抵抗 R_B をつなぎ，コレクタに抵抗 R_L（この抵抗のことを負荷抵抗という）をつなぎます．

　このとき，A 点の電位が 0 V から 0.7 V 程度の低い値であれば，コレクタ・エミッタ間に電流は

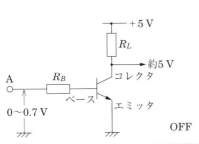

図 3·24　トランジスタによる直流増幅器（OFF のとき）

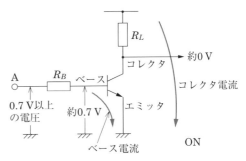

図 3·25　トランジスタによる直流増幅器（ON のとき）

流れず，コレクタはほぼ電源電圧に等しいレベルになります．この状態をトランジスタが OFF であるといいます．

ところが，A 点の電圧が上がっていて 0.7 V を超すとベース電流が流れ，同時にコレクタ電流も流れます．R_L による電圧降下のためコレクタの電位は約 0 V になります．この状態をトランジスタが ON であるといいます．ダイオードの ON 電圧と同様，このときベース・エミッタ間は約 0.7 V になります（図 3·25）．

3·5　TTL の動作原理

3·5·1　ダイオードを用いた AND と OR

では，一番簡単なダイオードを用いた AND と OR について説明しましょう．ダイオードを用いた AND 回路は図 3·26 のようになります．

ディジタル回路には「0」と「1」あるいは「low」と「high」しかありませんので，ここでは 0 V を「L」，5 V を「H」とします．図 3·26 で，A，B 両方の入力が H ならば電流は流れず，出力 O は +5 V がそのまま現れ，H レベルになります．ところが，A，B のどちらか，あるいは両方が L レベルになると電流が流れて，出力 O はダイオードの ON 電圧 0.7 V 程度の値，すなわち L レベルになります．この様子を真理値表に書くと，なるほど AND 回路になっています．OR 回路も同様に図 3·27 のように実現することができます．

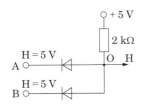
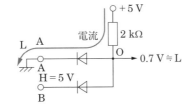

A	B	O
H	H	H
L	H	L(0.7 V)
H	L	L(0.7 V)
L	L	L(0.7 V)

図 3·26　AND 回路

3章　ディジタルデバイス

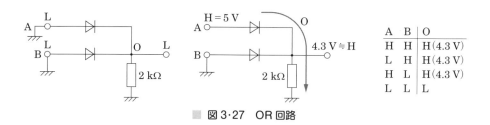

■ 図3·27　OR回路

3·5·2　インバータ

　では，図3·26のAND回路と図3·27のOR回路を並べて論理回路が構成できるか，というとそうはいきません．これらの回路は増幅作用がないため，入ってきたLレベル，Hレベルと同じだけのレベルを出すことができず，何段もつながるとその差がどんどん小さくなってしまいます．そこで，いままでは0 Vおよびそれに近い電圧をL，5 Vおよびそれに近い電圧はHとしていましたが，そういういい加減なことではなく，あるレベル以上がきたらH，それ未満ならLと判断し，出力にしっかりとしたLレベル，Hレベルを出してやる識別および増幅作用が必要になります．このことはトランジスタを直流的に用いることにより，実現できます．

　トランジスタは，きちんとバイアスをかけてやり，特性の直線部を用いれば，小信号増幅回路のように，入力の波形を忠実に増幅してやることができますが，**図 3·28** のように直流的に用いると，次のような動作をすると考えられます．

　V_{IN} が0.7 Vを超えないうちは，トランジスタはOFFとなっており，V_{OUT} は，ほぼ電源電圧の5 Vに近い値が出てきます．0.7 Vを超すと，トランジスタはONになり，コレクタ電流が流れ，V_{OUT} はほぼ0 Vになります．したがってこの場合，0.7 Vがスレッショルドレベルとなります．この回路は V_{IN} がLのとき V_{OUT} がHとなり，V_{IN} がHのとき V_{OUT} がLになるので，論理を反転させるインバータ（NOT）の働きをします．TTLなどのバイポーラ系の論理回路は図3·26，図3·27のAND回路，OR回路に加えレベル識別および増幅のために図3·28の回路を合わせた構成をもちます（**図 3·29**）．これが，NAND（⇨AND-NOT）とNOR（⇨OR-NOT）が最も基本的なゲートとして扱われる理由です．

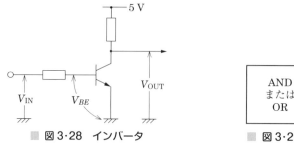

■ 図3·28　インバータ

■ 図3·29　NAND，NORの構造

3·5·3 DTL の基本回路

では，図 3·26 の AND 回路と図 3·28 のインバータをつなげてみましょう．

図 3·30(a) がつなげた回路ですが，この回路はきちんと動作しません．入力が両方とも H のときは問題はありませんが，片方または両方の入力が L となったときも，A 点の電位は完全に 0 V にならず，ダイオードの ON 電圧 0.6～0.7 V になります．この電圧は後段のトランジスタの ON/OFF のちょうど境界にあります．このため運が悪いとトランジスタは ON になってしまい，正常な動作をしません．このことを解決するために，同図 (b) のようにダイオードを入れ，スレッショルドレベルを上げてやります．このダイオードのことをレベルシフトダイオードといい，同図 (b) は一番簡単な DTL の NAND 回路です．ちなみに，DTL の名前の由来は，ダイオードとトランジスタを合わせた論理回路（Diode-Transistor Logic）の頭文字をとったものです．

さて，図 3·30(b) の回路はドライブ能力が不足し，またスピードが遅く，特に L → H の変化の際に波形がなまるという欠点があります．このため同図 (b) のレベルシフトダイオードの 1 つをトランジスタに置き換えた MDTL（Modified DTL）が用いられましたが，やがて出現した TTL により，DTL は用いられなくなりました．

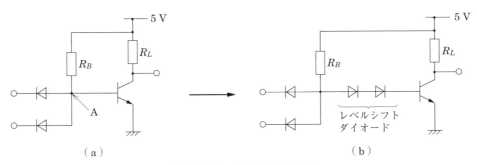

図 3·30 DTL の基本回路

3·5·4 TTL の基本回路

TTL の基本回路を**図 3·31**，**図 3·32** に示します．DTL との構造上の主な相違は次の 3 点でしょう．

（ⅰ）入力のダイオードが，マルチエミッタトランジスタ（Q_1：エミッタが複数ある特殊なトランジスタ）に置き換わった．
（ⅱ）レベルシフトダイオードがトランジスタ（Q_2）に置き換わった．
（ⅲ）出力段のトランジスタの負荷（図 3·30 の R_L）が，抵抗でなくトランジスタ（Q_3）の能動素子負荷になった．

では，この構造がどのように働くかを調べてみましょう．

(1) 入力が両方とも H のとき（出力が L のとき） Q_1 はトランジスタとしては働かず，ダイオー

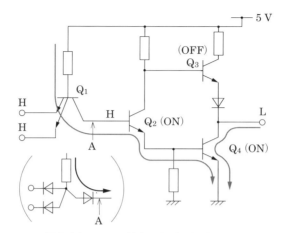

■ 図3·31　TTLの基本回路（出力がLのとき）

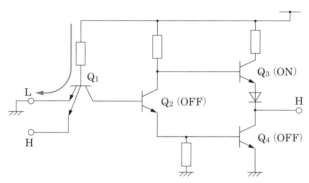

■ 図3·32　TTLの基本回路（出力がHのとき）

ドとして働きます．このため電流がQ_1を通じてQ_2のベースに流れ，Q_2はONになり，このためQ_4もONになります．Q_3はこの場合OFFになり，このため出力にはLレベルが現れます（図3·31）．

(2) 入力の片方または両方がLのとき（出力がHのとき）　Q_1はやはりダイオードとして働き，エミッタがLになると，電流はエミッタ側に流れ，コレクタ側には流れなくなりQ_2はOFFになります．このことによりQ_3はON，Q_4はOFFになり出力にはHレベルが現れます（図3·32）．

DTLと比べたTTLの構造上の相違点のうち（ⅱ）のレベルシフトダイオードをトランジスタQ_2に置き換えたのは，ドライブ電流を大きくし，出力を強力に出力側に多くの素子をつなげられるようにするためですが，（ⅰ）と（ⅲ）は波形の立上りを鋭くし，スピードアップさせる役割があります．

いままで紹介した元祖TTLは，ショットキーバリアダイオードと呼ばれる高速ダイオードを使った第2世代のTTLに置き換わり，さらに改良を加えた第3世代は，1990年代はじめまで，汎用ディジタルICである74シリーズの中心的な回路構成方式として広く使われました．しかし，TTLは以下の本質的な弱点をもっていました．

(1) 電流駆動素子であるため消費電力が大きい．
(2) ジャンクションを2つもつトランジスタと抵抗からできていて大規模な集積が難しい．
(3) ON電圧が決まっていて電源電圧を下げることが難しい．

これに対してMOSFETからなるディジタル回路は，電圧駆動素子で消費電力が小さく，抵抗が不要で大規模な集積に適しており，微細加工技術の向上がそのまま性能の向上につながる有利な点をもっていました．まず大規模集積回路に利用され，1990年代の後半には，汎用ディジタルICの74シリーズもほぼCMOSに置き換わりました．現在，汎用ディジタルIC自体がFPGAなどのプログラマブルロジックに押されて利用されなくなっており，TTLの息の根は完全に止まったといってよいと思います．

3・6 特殊な入出力

いままで紹介してきたディジタル回路では1つの出力を複数の入力につなぐことはあっても，複数の出力をつなぐことはありませんでした．図3・33に示すように複数の出力をつなぎ，片方はHレベル，もう片方はLレベルを出力しようとすると，Hレベルを出力しようとするpMOSからLレベルを出力しようとするnMOSに大電流が流れてしまってディジタル回路としてうまく動作しないのは明らかです．しかし，複雑で大規模なディジタル回路では，配線の本数を減らすため，1本の信号線を複数の出力で共有することが頻繁にあります．このような配線をバスと呼びます．バスは通常信号線の束になっており，さまざまなモジュールが時分割でデータを載せて利用します．4章で紹介するメモリなどは通常バスを使って接続します．バスは複数の出力を接続するために出力回路上の工夫が必要になります．また，ときとして長距離になるため，入力回路にも工夫が必要になります．ここでは主としてバスを形成するのに必要な3ステート出力，オープンドレイン出力，シュミットトリガ入力を紹介します．

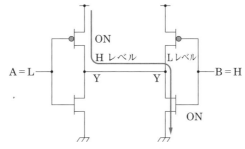

図3・33 出力のレベルがぶつかる場合

3・6・1 3ステート出力

3ステート出力は通常のHレベル，Lレベル出力のほかに，出力がどこにもつながっていないハイインピーダンス状態という3つ目の出力状態をもつことからこの名前で呼ばれます．トライス

テート出力と呼ばれる場合もあります．後に紹介するメモリやFPGAの出力に広く使われています．

図3・34は3ステート出力をもったバッファの動作を示したものです．3ステート出力においては，データの入力（X）とコントロール端子（C）が存在します．出力（Y）はCがLレベルのときは入力（X）の値がそのまま出力されますが，CがHレベルのとき，Yはハイインピーダンス状態になります．ハイインピーダンス状態とは，「線が切り離された」ということと同じです．**図3・35**にこれを実現する回路の一例を示します．この回路ではCがHレベルのときpMOSとnMOSのトランジスタが両方ともOFFになることで出力Yはハイインピーダンス状態になります．

このことを利用すると**図3・36**に示すようにバスラインを構成できます．Bの信号をバスラインにのせるときはBのコントロール信号のみをLとし，ほかを全部Hにします．そうするとコントロールをHにしたものは出力がハイインピーダンスとなり切り離された状態と同じになりBの信号がバスに出力されます．同じくCの信号をバスに出力したいときはCのコントロールのみをLにし，ほかをHにします．ここではCはアクティブ-Lの例を示しましたが，アクティブ-Hの場合もあります．このときの記号は○印がないものを使います．

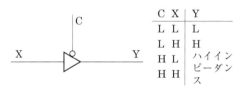

■ 図3・34　3ステート出力

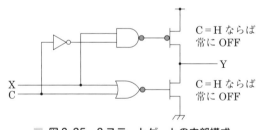

■ 図3・35　3ステートゲートの内部構成

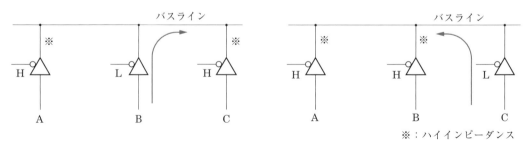

■ 図3・36　3ステート出力によるバスライン

3 ステート出力を用いたバスには次のような注意点があります.

次に紹介するオープンドレイン出力では誤ってバス上に 2 つ以上の出力が出されても素子自体が壊れることはありませんが，3 ステート出力のバスは，例えば A と B のコントロールを誤って同時に L にすると出力が衝突し素子自体が危険になります．実際は出力を衝突させたからといって素子が壊れるわけではなく，大電流によりチップが加熱され，指でさわれないくらい熱くなります．これは電源電圧の低下やノイズにより誤動作の原因になります．

3 ステート出力をもったバスドライバの例を図 3·37 に示します．3·6·3 項で紹介するシュミットトリガ入力の機能ももっており，バスに対するデータの入出力に使われます．

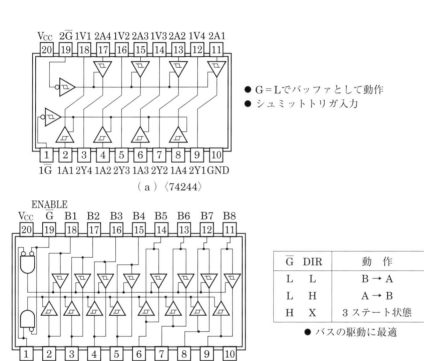

図 3·37　3 ステート出力をもったバスドライバの例

3·6·2　オープンドレイン出力

バスを作るもう 1 つの方法としてオープンドレイン出力があります．この方法では，図 3·38 に示すように pMOS 側を取り外してしまい，nMOS のドレインをそのまま出力に使い，共通の線につないで抵抗で電源に接続します．ここで，すべてのゲート入力が L で nMOS が OFF の場合は，抵抗によって電源に接続されているため，同図 (a) に示すように配線は H レベルになります．どれかの nMOS のゲート入力を H にすると，電流が流れ込んで，配線は L レベルになります．複数

3章 ディジタルデバイス

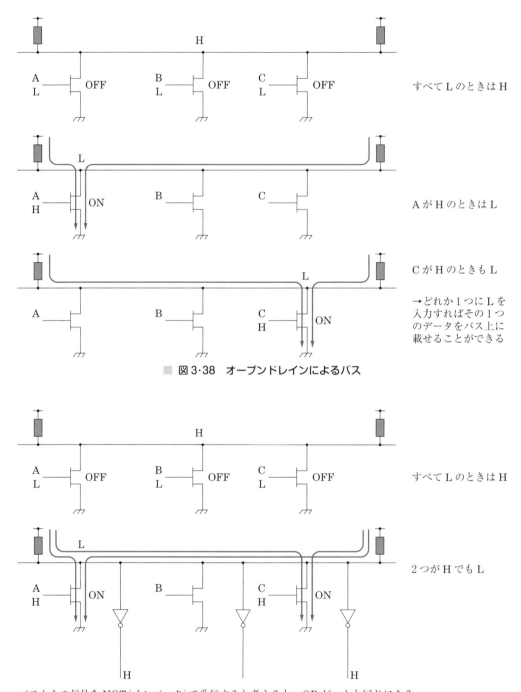

図3·38 オープンドレインによるバス

バスからの信号をNOT(インバータ)で受信すると考えると，ORゲートと同じになる

図3·39 ワイヤードOR

のnMOSがONになっても電流は分流するだけで状況は変わらず，配線はLレベルになります．図3·39に示すように，この配線のレベルを，NOTゲートを介して取り出す場合，どれかの

nMOSのゲート入力をHレベルにすると，取り出したレベルがHになります．すなわち，多入力のORゲートを作ることができます．配線に接続するだけでORゲートができることから，この方法をワイヤードORと呼びます．

ワイヤードORを用いれば，3ステート出力同様にバスを形成することができます．図3・39に示したように，データをバスに載せたい入力を除きすべてのゲート入力をLにしておけば，1つだけ動作するゲート入力のレベルをNOTゲートから取り出すことができます．

オープンドレイン出力は3ステート出力に比べて，pMOSがないことからL→Hの変化が遅いです．また，配線がLレベルになっている間はずっと電流を消費してしまいます．さらに電源へのプルアップ用の抵抗も必要です．しかし，誤って複数が同時にバス上にデータを出力した場合でも，そのデータのORがとられるだけで，過電流が流れるようなことがありません．この利点があるため，オープンドレイン出力は，さまざまな基板を差し込む筐体背面のバス（バックプレーンバス）に使われます．バックプレーンバスは配線が長く，信号の反射を防ぐために終端抵抗が必要なので，これを電源へのプルアップ用の抵抗として使うことができます．

3・6・3　シュミットトリガ入力

普通のバッファにおいて，入出力の静特性は図3・40(a)のようになっています．すなわち，入力電圧を上げていき，スレッショルドレベルに達すると出力電圧が大きく変化します．逆に入力電圧を下げていったときも同じスレッショルドレベルで出力が切り換わります．

これに対してシュミットトリガ入力においては，電圧を上げていったときと下げていったときで図3・40(b)のようにスレッショルドレベルが異なるのです．このことによりLレベル，Hレベルにおけるノイズマージンは増大し，ノイズを含んだ入力に対し強くなります．特に，シュミットトリガ入力は，ノイズを含んだゆっくりとした信号に対して強く，波形整形用によく用いられます．ノイズを含んだゆっくりとした信号は，CMOSのゲートが最も苦手としているところです．これは次の理由によります．

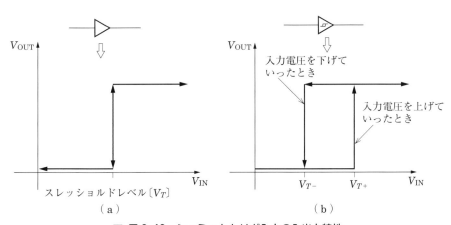

図3・40　シュミットトリガ入力の入出力特性

図3·41(a)のように，ゆっくりした信号にノイズがのると，CMOSのゲートはなまじ高速なだけにスレッショルドレベル付近のノイズを全部素直に整形してしまいます．ところが，シュミットトリガ入力を用いれば，同図(b)のように，ノイズが上下のスレッショルドレベル内におさまる限り除去できます．長距離に延ばしたバスライン上では，波形はほとんどなまってしまい，しかもノイズがのりますので，このような場所にシュミットトリガ入力がよく用いられます．

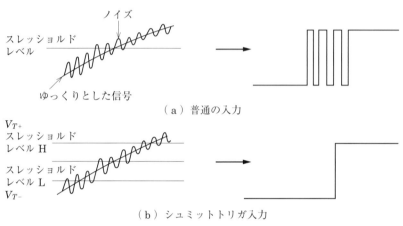

(a) 普通の入力

(b) シュミットトリガ入力

図3·41　シュミットトリガ入力による波形の整形

CMOSにおいては，抵抗を用いて，図3·42のような回路でシュミットトリガ入力特性を作ることができます．CMOSのスレッショルドレベルは約 $V_{CC}/2$（V_{CC}：電源）となるため，V_{T+} と V_{T-} は図3·43に示すようになります．

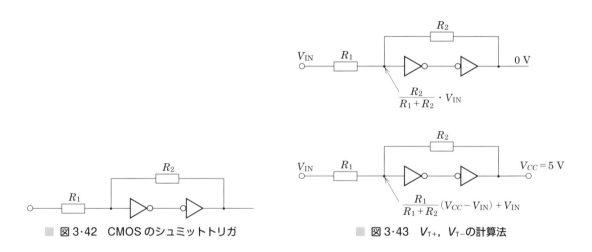

図3·42　CMOSのシュミットトリガ

図3·43　V_{T+}，V_{T-} の計算法

L → H のスレッショルドレベル V_{T+}

$$\frac{R_2}{R_1+R_2} \cdot V_{T+} = \frac{V_{CC}}{2}$$

$$V_{T+} = \frac{R_1+R_2}{R_2} \cdot \frac{V_{CC}}{2}$$

H → L のスレッショルドレベル V_{T-}

$$\frac{R_1}{R_1+R_2}(V_{CC} - V_{T-}) + V_{T-} = \frac{V_{CC}}{2}$$

$$V_{T-} = \frac{R_2 - R_1}{R_2} \cdot \frac{V_{CC}}{2}$$

$$= V_{CC} - V_{T+}$$

この抵抗の値は数百 kΩ～1 MΩ を用いるのが普通です．

▷▷ **例題 3.8** ◁◁

図 3·44 の回路の V_{T+}，V_{T-} を求めよ．なお，V_{CC} は 5 V とする．

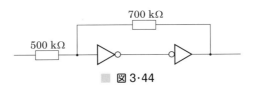

■ 図 3·44

▶ **答** ◁ $V_{T+} = \dfrac{1.2}{0.7} \times \dfrac{5}{2} \fallingdotseq 4.3$ 〔V〕

$V_{T-} = 5 - 4.3 = 0.7$ 〔V〕

◆ ◆ 演 習 問 題 ◆ ◆

【3・1】 (1) 図 3・45 のゲートに対応する真理値表を書け．
(2) 対応する MIL 記号を 2 つ書け．

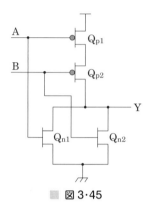

図 3・45

【3・2】 図 3・46 の回路に対応する，MIL 記号法によるゲート接続図を示せ．

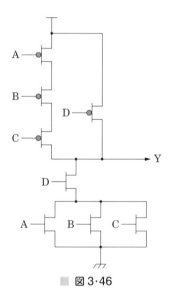

図 3・46

演習問題

【3・3】 図3・47のゲート接続を実現する，CMOSのトランジスタ接続図を示せ．

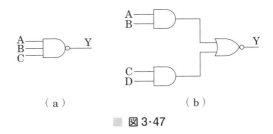

図3・47

【3・4】 (1) 表3・2のゲートを2.5Vで用いた場合のノイズマージンを求めよ．
(2) 同じく1.65Vで用いた場合のノイズマージンを求めよ．

【3・5】 (1) 図3・15，例題3.4の回路で，2.5Vで動作した場合のクリティカルパスを計算せよ．
(2) 同じく，1.8Vで動作した場合のクリティカルパスを計算せよ．

【3・6】 図3・48の回路を3.3Vで動作させた際の最大動作周波数を求めよ．
ただし，すべてのゲートは表3・3の伝搬遅延時間をもち，フリップフロップは表3・5の動特性をもつとせよ．

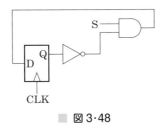

図3・48

【3・7】 01→10→11と数えて01に戻るカウンタを設計し，2.5Vで動作する場合の動作周波数を計算せよ．ただし，利用するゲートのすべては表3・3の伝搬遅延時間をもち，フリップフロップはすべて表3・5の動特性をもつとせよ．

【3·8】 (1) 図 3·49 の回路の真理値表を書け．
(2) この回路はどのような目的に利用することができるか述べよ．

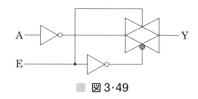

図 3·49

4章 メモリ

　D-FF で作ったレジスタを使ってもデータを蓄えることはできますが，小規模なデータに限られます．大規模なデータを蓄えるとなるとメモリの出番です．メモリの分類を図 4·1 に示します．メモリには電源を切ると蓄えた中身が消えてしまう揮発性のメモリと，電源を切っても中身が消えない不揮発性のメモリがあります．本来の言葉の意味とは全く離れてしまっているのですが，前者を RAM（Random Access Memory），後者を ROM（Read Only Memory）と呼びます．RAM には比較的小容量で使いやすい SRAM（Static RAM）と大容量の DRAM（Dynamic RAM）があり，用途に応じて使い分けられています．ROM にはさまざまな種類があるのですが，最近，EEPROM（Electric Erasable Programmable ROM：電気的消去可能なプログラム可能 ROM）の一種であるフラッシュメモリがその容量の点で他の追随を許さない発展を遂げたため，ほかの種類がほとんど使われなくなりました．実のところ，メモリの内部はアナログ回路に近いのですが，ディジタル回路にはなくてはならないデバイスですのでここで紹介しておきます．

```
・RAM（RWM）：揮発性メモリ……電源を切ると内容が消滅
    ├ SRAM（Static RAM）
    └ DRAM（Dynamic RAM）
・ROM（Read Only Memory）：不揮発性メモリ……電源を切っても内容が保持
    ├ Mask ROM 書換え不能
    └ PROM（Programmable ROM）プログラム可能
       ・One Time PROM　1回のみ書き込める
       ・Erasable PROM　消去，再書込み可能
          ├ UV EPROM（紫外線消去型）
          └ EEPROM（電気的消去可能型）—フラッシュメモリ
```

図 4·1　半導体メモリの分類

4·1　メモリはどのようにみえるか

　メモリは，一定の幅のデータを読書きすることのできる表です．図 4·2 に示すように，表のそれぞれの行には 0 から順に番号が付いていて，この番号で指定した行についてデータを読んだり

4章 メモリ

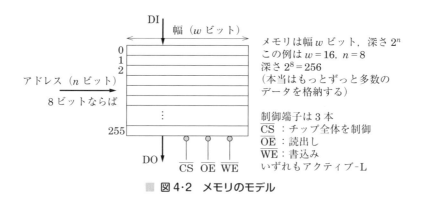

図4・2 メモリのモデル

書いたりすることができます．この番号は2進数で示し，アドレスと呼びます．アドレスが n 本ある場合，2の n 乗分の行を指定でき，この行の数をメモリの深さと呼びます．それぞれの行のデータ幅を w とすると，このメモリは $2^n \times w$ ビットのデータを格納できることになります．図4・2の例では，アドレスが8本あるので，メモリのサイズは256×8ビット＝2Kビットを格納できることがわかります．実際のメモリはもちろんもっと大容量です．0章で示した2の n 乗の表を思い出しましょう．端数は省略していいです．

▶▶ **例題 4.1** ◀◀

アドレスが $A_0 - A_{19}$ の20本で，データ幅が16ビットのメモリの容量は何ビットか．
▶**答**◀ $2^{20} \times 16$ ビット＝16Mビット

多くのメモリには $\overline{CE}$（Chip Enable）または $\overline{CS}$（Chip Select）と $\overline{WE}$（Write Enable）が付いています．これらの多くはアクティブ-Lです．$\overline{CE}$ あるいは $\overline{CS}$ をLにするとメモリが動作状態になり，指定したアドレスのデータがDOから出力されます．これが読出し動作です．読出しの制御端子 $\overline{OE}$（Output Enable）をもつメモリもあり，この場合は $\overline{OE}$ をLにする必要があります．出力は3章で紹介した3ステートゲートになっており，$\overline{CS}$ か $\overline{OE}$ がHのときにはハイインピーダンス状態になります．

また，$\overline{CS}$ をLにし，$\overline{WE}$ をLにすると，指定したアドレスにDIからデータを格納することができます．ピン数を節約するため，DIとDOは共用され，双方向になっている場合もあります．これが書込みです．最近のメモリは，CLK（クロック）入力を設け，これに同期して連続した読出し，書込みを行うことで，一定時間における読書きを行うことのできるデータ量を増やしているものもあります．これを同期式のメモリと呼びます．

4·2 メモリの中はどうなっているのか

通常，メモリは記憶を行う素子が長方形に並んでいます．この記憶素子は SRAM ではラッチ，DRAM ではコンデンサ（キャパシタ），フラッシュメモリでは特殊な FET で，各素子に 1 ビットのデータを格納しておくことができます．なるべくたくさんのデータを記憶しておくために，記憶素子は，普通の論理回路のトランジスタよりも小型，低電圧で動くようになっています．読み出す場合，図 4·3 に示すように，アドレスの半分をデコードしてこのうちの一行を選んで一行分のデータを出力側に送ります．これをセンスアンプと呼ばれる増幅器で通常のディジタル回路で使うレベルまで増幅します．そして，アドレスの残り半分を使って，一行の中から指定された一部を選び，読出しデータとします．メモリの種類によって細かいところは違いますが，大筋の動きは同じです．

この一連の操作にはもちろん時間がかかります．メモリの動作速度は，アドレスを与えてから，データが読み出されて利用可能になるまでの時間が最も重要で，これが目安として使われます．これをアクセス時間と呼びます．

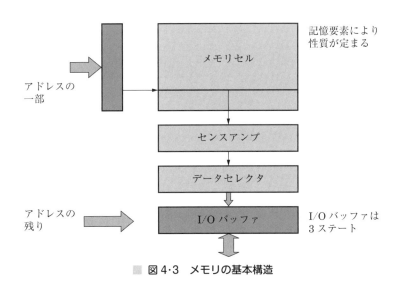

図 4·3 メモリの基本構造

4·3 SRAM

SRAM（Static RAM）は，記憶素子として $\overline{SR}$ ラッチを使います．$\overline{SR}$ ラッチといっても，多量のデータを小さな面積に収めるため，2 章で学んだ構造よりも簡単なものを用います．図 4·4 にこの一例を示します．セット，リセットの切換えは，やや強力なトランジスタを使って強引に値を設定することで行います．データは電源が入っていれば，安定して記憶され，読み出しても消えることはありません．SRAM で使われている $\overline{SR}$ ラッチは普通のディジタル回路で使われるトラン

4章 メ モ リ

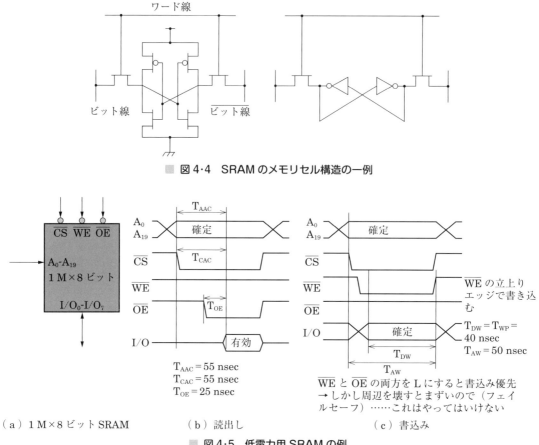

図4・4　SRAMのメモリセル構造の一例

(a) 1M×8ビットSRAM　　　(b) 読出し　　　　　　　　(c) 書込み

図4・5　低電力用SRAMの例

ジスタよりもずっと小さなトランジスタで作られます．これが，通常のレジスタやラッチとは桁違いに大きなデータを格納できる理由です．一方で，SRAMで利用される記憶素子はトランジスタであり，この点で普通のディジタル回路と同じなので，ディジタル回路の論理素子と同じ半導体の製造工程で作ることができます．このため，SRAMは，マイクロプロセッサやFPGAと同じチップ上に実装され，オンチップメモリとして広く使われています．もちろん，その低電力性，高速性を生かして単独のSRAMチップとしても使われます．

　単体のデバイスとして使われる場合は，1チップに1Mビットから64Mビット程度の容量をもっているものが多いです．図4・5にルネサスエレクトロニクス社の1M×8ビットの低電力用SRAMをモデルにしてその一例を示します．同図(b)は読出し，同図(c)は書込みのタイミング図を表します．このRAMはデータを保持するだけならば常温で4μAという極めて低消費電力である点が特徴です．同図(b)に示したようにイネーブル端子$\overline{CS}$からのアクセス時間（T_{CAC}）は，アドレスからのアクセス時間（T_{AAC}）と同じこの場合55nsecです．読出しの際は$\overline{OE}$をLにし，書込みの際は$\overline{WE}$をLにします．$\overline{OE}$は出力のバッファだけを制御するため，高速で，このチップの場合，25nsecです（T_{OE}）．$\overline{OE}$と$\overline{WE}$を両方Lにするのは通常，避けなければいけないので

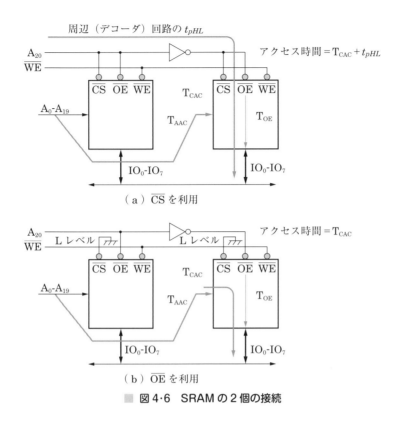

図4・6 SRAMの2個の接続

すが，間違ってやってしまった場合，書込方向が優先されます．古典的なSRAMは書込信号$\overline{WE}$の立上りでデータを書き込むため，これに対するデータの保持時間（T_{DW}），$\overline{WE}$の幅（T_{WP}），アドレスから$\overline{WE}$の立上りまでの時間（T_{AW}）などが定められています．

図4・6に，このチップを2つ接続して2M×8ビットのメモリを構成した例を示します．出力は3ステートゲートになっているので，直接接続しても大丈夫です．同図（a）は$\overline{OE}$と$\overline{CS}$を接続して使っているため，アクセス時間はゲート1個分延びてしまいます．同図（b）のように$\overline{OE}$のみを使えば高速な出力制御ができるため，アクセス時間は規格表通りの55 nsecで済みます．ただし，SRAM内部が常に活性化されているため，電力が大きくなってしまいます．

4・4 DRAM

DRAM（Dynamic RAM）は，図4・7に示すようにチップ内に形成する小さなコンデンサ中に電荷が蓄えられているかどうかで，データを記憶します．読み出す際は，比較用のコンデンサに電荷を蓄えてから，トランジスタをONにして電圧の変化を観測することで，1か0かを判別します．この作業中，蓄えた電荷はなくなってしまうため，DRAMは本質的に破壊読出しです．ただし，読んだデータは自動的にすぐに書き戻されるので，実用上あまり気にすることはありません．SRAMに比べて記憶要素が小さくて済むので，1つのチップ内に大量のデータを蓄えることがで

4章 メ モ リ

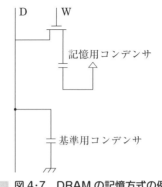

■ 図 4·7　DRAM の記憶方式の例

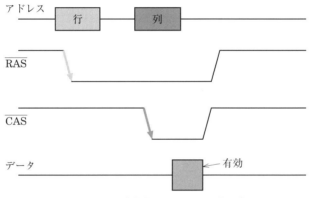

■ 図 4·8　古典的な DRAM の利用法

きます．現在，DRAM はコンピュータの主記憶に使われますが，4～10 個程度のチップを小さなカード上に実装して販売されることが多く，カード当たり 4～16 G バイトの容量をもっています．

一方で，DRAM は，定期的に電荷を再充電してやるリフレッシュ，読出しの前に比較用のコンデンサに電荷を充電するプリチャージが必要で，読書きの方法も複雑になり，SRAM に比べて使いづらいです．また，コンデンサを高密度で実装するためには特殊な製造工程が必要となり，普通のディジタル回路と混載して 1 チップ上に実装することが難しいです．

ではまず古典的な DRAM を紹介しましょう．図 4·8 に古典的な DRAM の読出しの方法を示します．DRAM は 1 チップに多くの記憶素子を搭載するため，そのまま実装するとチップの入出力ピン数が多くなってしまいます．そこで，アドレスを横（行）と縦（列）の 2 回に分けて与えます．図 4·3 に示したメモリの基本構造を思い出してください．一行を読み出す作業とその行から一部を選ぶ作業には時間差があるので，分けて与えてもさほど性能には影響しません．イネーブル端子は行アドレス選択用の $\overline{\text{RAS}}$（Row Address Select）と列アドレス選択用の $\overline{\text{CAS}}$（Column Address Select）の 2 本を用意します．まず，行アドレスを与えるとともに，$\overline{\text{RAS}}$ を L にし，次に列アドレスに切り換えて $\overline{\text{CAS}}$ を L にし，しばらく待つとデータを読み出すことができます．

4・4 DRAM

コンピュータの動作周波数が飛躍的に高まるにつれ，主記憶として使われる DRAM にも高い転送性能が要求されます．とはいえ，高い集積度をもつ DRAM は，アドレスを与えてから，最初のデータを読出可能にするまではどうしても時間がかかります．そこで，最近の DRAM は，高速なクロック信号に同期して，連続したアドレスのデータの読書きを高速に行うことにより，単位時間当たりに読書きするデータを多くすることでこれに対応するようになりました．最初はクロックの立上りに同期してデータを転送する SDR (Single Data Rate)-SDRAM (Synchronous DRAM) が登場し，後にクロックの立上りと立下りの両方でデータを転送する DDR (Double Data Rate)-SDRAM に置き換わりました．DDR-SDRAM は規格が標準化され，2001 年ごろに登場した DDR1 は 100 MHz から 275 MHz のクロック（転送レートは両エッジを使うのでこの倍）で使われました．

図 4・9 に DDR-SDRAM の動作の様子を示します．制御信号線の組合せでコマンドを表します．まず ACT コマンドとともに行アドレスを与えて RAM を起動し，次に READ コマンドとともに列アドレスを与えます．そうすると，一定のクロックサイクル後，与えたアドレスから連続した 4 つのデータが出力されます．

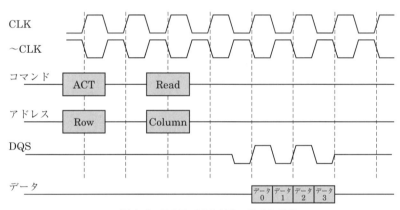

■ 図 4・9　DDR-SDRAM の読出し動作

▷▶ 例題 4.2 ◁◀

図 4・9 に示した読出動作を行う DDR-SDRAM の転送容量を求めよ．ただしデータ幅は 64 ビット，クロックは 200 MHz とする．
▶答◀ 7 クロック，すなわち 35 nsec で 4×64 ビットの転送ができる．256/35 nsec = 7.31 G ビット/sec となる．

DDR は，2005 年ごろに約 2 倍の転送クロックをもつ DDR2 に置き換わり，2007 年ごろからは早くも DDR3 が市場に出回り始めました．DDR3 は，2015 年現在 DRAM の主流として使われています．規格が新しくなる度にクロック周波数が上がる一方，電源電圧を下げることで，消費電力

の増大を抑えています．DDR3は，800 MHzのクロックの両エッジで転送が可能で，規格上の最大の周波数は1.3 GHzになります．さらにこの後継のDDR4がそろそろ市場に出回り始めています．また，DRAMチップを3次元方向に積層したHMC（Hybrid Memory Cube）というこれまでの流れと全く違った規格もまとめられています．

DDR以降のDRAMは，クロック周波数が高いことと，連続転送を制御するのが難しいことから，あらかじめ設計された制御回路がIP（Intellectual Property）化されており，これを利用して接続します．

4・5 フラッシュメモリ

いままで紹介してきたSRAMやDRAMは，揮発性，すなわち電源を落とすとその内容が消えてしまいます．このため，データを長期間保存するためには，電源を落としても内容が消えない，不揮発性メモリが必要になります．不揮発性メモリはROMと呼ばれ，1970年代から，ヒューズを使ったワンタイム型PROMや紫外線消去型のUV-EPROMが利用されていました．しかし，2000年代になって電気的消去可能なROMの一種であるフラッシュメモリが容量とコストの点で他を圧倒したため，現在フラッシュメモリ以外のROMはほとんど使われなくなりました．

フラッシュメモリは，特殊なMOSFETを使ってデータを記憶します．このFETはフローティングゲートと呼ぶ特殊なゲート構造をもち，ここに高い電圧をかけて電子を注入することで，データを書き込みます．フラッシュメモリにデータを書き込むには，一定の大きさのブロック単位で消去して，一括書込みを行う必要があります．また，書込みに回数には一定の上限があり，この点でも読書きを頻繁に行うRAMとは異なっています．

フラッシュメモリにはNOR型とNAND型があります．NOR型は，読出しに関してはSRAMとほとんど同じで，チップイネーブル端子をアクティブにして，アドレスを与えることで対応するアドレスのデータを読み出すことができます．64 Mビット程度の容量のものが多かったのですが，最近1 Gビットを超える大容量の製品も現れました．アクセス時間は特殊なものを除いて55～70 nsec程度です．

一方，NAND型はNOR型よりもアクセスするのに手間と時間もかかり，保存したデータの信頼性にも若干問題がありますが，非常に大容量でチップ当たり64 Gバイトに及びます．このため，USBメモリやカメラで撮った画像を保存しておくSSD（Solid State Drive）などの記憶媒体として身近に使われます．このように大容量のデータを長期間記憶する媒体をストレージと呼び，かつてはほとんど磁気ディスクを指す言葉でした．磁気ディスクはいまでも大規模なコンピュータに使われているのですが，スマートフォンやタブレットなど，小型携帯用のIT機器のストレージにはNANDフラッシュメモリが使われるようになりました．NANDフラッシュメモリは半導体メモリというよりも，磁気ディスクに近い性質をもっています．最近はコントローラを組み込んで使いやすく信頼性を向上したスマートなフラッシュメモリも登場しています．

RAMとROM

　RAMとROMは現在，本来の言葉の意味と全く違った使われ方をしています．RAM（Random Access Memory）とは，本来，どのアドレスでも同じように読書きできるメモリを指します．したがって，NAND型のフラッシュメモリを除いて，ほとんどの半導体メモリは本来の意味ではRAMになります．かつて，読書きができるメモリ，すなわちRWM（Read Write Memory）が，読出専用メモリのROM（ロム）に比べて略号として呼びにくかったために，ロムじゃないものをラム（RAM）と呼び，この時点で本来の意味から離れてしまいました．さらに，現在は揮発性メモリに対する言葉になっています．しかしDRAMに代わる大規模メモリとして期待される不揮発性のMRAM（Magnetoresistive RAM）が普及すれば，本来の意味に戻るかもしれません．

　一方，ROM（Read Only Memory）は，本来，読出専用メモリという意味です．かつて決まったデータの記憶には，製造時に内容が決まってしまっていて，本当に読出ししかできないマスクROMが使われていました．その後，プログラム可能なPROM（Programmable ROM）が登場しましたが，当初使われたのは，一度書き込んだら二度と書換えができないヒューズROMや，紫外線発生装置で消去してROMライタで書き込まないと書込みができないUV-EPROMでした．これらは動作時には書込みができないのでROMという意味が正しいといえました．しかし電気的消去可能なEEPROM（Electric Erasable PROM）が登場し，その一種であるフラッシュメモリが発達し，動作時にもデータを書き込むようになってから，この言葉は元来の意味から離れて，不揮発用のメモリを指す言葉になりました．近年，フラッシュメモリ以外のROMが絶滅寸前なので，ROMという言葉自体が死語になるかもしれません．

◆ ◆ 演 習 問 題 ◆ ◆

【4・1】 図 4・5 の低電力用 SRAM を 4 個用いて 4 M×8 ビットのメモリを実現せよ．

【4・2】 図 4・10 中の SRAM 回路は図 4・5 の低電力 SRAM を利用している．

（1） NOT ゲートの t_{pHL} を 5 nsec とした場合の図 4・10(a)，(b) のアクセス時間をそれぞれ求めよ．

（2） NOT ゲートの t_{pHL} を 35 nsec とした場合の図 4・10(a)，(b) のアクセス時間をそれぞれ求めよ．

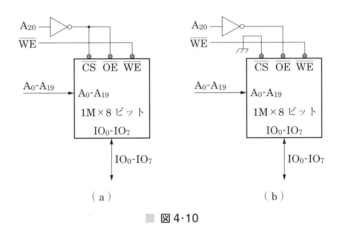

図 4・10

【4・3】 図 4・11 の矢印のクロックから次の ACT コマンドを入れることができるとして，同期式 DRAM の転送容量を求めよ．ただし，クロックは 120 MHz，データは 8 ビット幅とする．

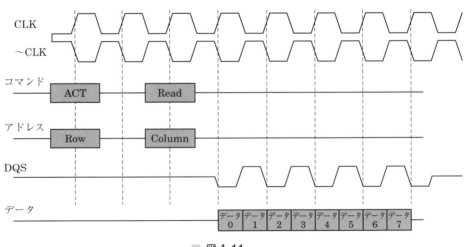

図 4・11

【4·4】 アドレス A_0-A_{16}，データ D_0-D_{15} をもつ SRAM の容量は何ビットと考えられるか．ただし端数は省略する表現を用いること．

【4·5】 アドレス A_0-A_{11}，データ入力 DI，データ出力 DO をもつ，古典的な DRAM の容量は何ビットと考えられるか．ただし端数は省略する表現を用いること．

【4·6】 DRAM のチップ当たりの容量は SRAM の数倍であるが，これはなぜなのか，簡単に説明せよ．

【4·7】 MRAM（Magnetoresistive RAM）について以下の点を調べよ．
・揮発性か不揮発性か．
・どのような用途に用いられることが期待されているか．

5章 プログラマブルロジック

5・1 ASICとプログラマブルロジック

　本書ではディジタル回路のビルディングブロックを紹介するのに昔ながらの74シリーズを使ってきました．昔はこれらのビルディングブロックのICを基板上に搭載して，その間を配線することでディジタルシステムを作りました．しかし，現在ディジタル回路を実装する舞台は大規模なLSIです．もちろんプリント基板は相変わらず使われますが，小さな基板に1個あるいは2, 3個のLSIを装着しただけのシステムが多くなっています．

　ビデオカメラ，スマートフォン，地上デジタルテレビ放送受信機など製造台数が多い製品では目的用途別に，ASIC（Application Specific IC：特定用途向けIC）を開発します．単一のチップにシステムをまるごと入れてしまう大規模ASICのことをシステムLSIとかSoC（System on-a Chip）と呼びます．本書はディジタル回路の解説に焦点を当てたため，トランジスタの中身や半導体については詳しくふれていませんが，ASICは半導体技術の発展とともに発達してきました．半導体の微細加工技術の細かさのことをプロセスサイズと呼び，半導体のよさの目安に使います．プロセスサイズが小さくなればなるほど，MOSFETのサイズは小さくなるため，集積度は上がり，電源電圧は下がり，動作速度は上がり，電力は下がります．このよいことずくめの傾向のことを半導体のスケーリング則と呼びます．新しいプロセスは古いものよりもあらゆる点で優れていたため，半導体微細加工技術は急速に進み，プロセスサイズは，1990年に$0.18\,\mu m$であったのが，2015年には14 nmになりました．これに伴い，1個の半導体に搭載できる素子の数は18か月で2倍のペースで大きくなりました（ムーアの法則）．

　最近になって，電源電圧の低下は限界に達しつつあり，動作速度においても配線遅延の影響が大きくなったため，以前と比べて新しいプロセスを使うメリットが減ってきています．また，新しいプロセスでは，開発費と，マスク（レティクル）といってASICを製造するために必要な型紙に相当するものを作る費用が大変高くなっています．つまり，最初の1個を手にするためのコストが大きくなっており，多数売れないと，このコストを回収することができません．一方で，最近のIT製品はさまざまな機能と性能が要求されることから，少量多品種化が進んでいます．このため，

一種類のASICが売れる個数は減ってしまい，結果として大規模なシステムLSIを作る機会が減ってしまっています．

これに代わって注目されているのが，ユーザが自分でプログラムすることができるプログラマブルロジックで，このうち特にSRAM型のFPGAが急速に発達し，広く使われています．皆さんが実際にディジタル回路を作る場合，まず使うのは，このFPGAでしょう．

5・2 プログラマブルロジックとは

5・2・1 プロダクトターム方式

作りたいと思った組合せ論理回路を自由に作れるようになるにはどうすればよいでしょうか．1章の加法標準形設計法を思い出しましょう．図5・1(a) に示すように，入力とそのNOT，AND，ORのアレイ構造を用意して，同図 (b) のように，この配線間の交点を自由にくっつけたり，切り離したりできるようにすれば，組合せ論理回路ならばなんでも作ることができます．このような方式をプロダクトターム方式と呼びます．

1970年代，この交点にヒューズを置いて，これを高電圧で切り離すタイプのプログラマブル素子が誕生しました．さらに，この出力に図5・2に示すようにD-FFを置いてフィードバックループを付ければどのような順序回路を実現することもできます．しかし，ヒューズを使った素子は，一度しかプログラムできないワンタイム型で不便でした．そこで，ここをフローティングゲートと呼ばれるON/OFFを固定しておけるスイッチで置き換えた素子が1980年代に登場し，急速に普及しました．このようなプログラマブル素子はPLA（Programmable Logic Array）や小規模PLD（Programmable Logic Device）と呼ばれました．これがプログラマブルロジックの元祖と呼べる存在で，いまでも簡単な回路を作る際に使われます．

PLAは単純な組合せ論理回路，順序回路を作ることができますが，レジスタと組合せ論理回路，複数のコントローラが組み合わさった複雑なディジタルシステムを作ることができません．そこで，複数のプロダクトターム構造をプログラマブルなスイッチで接続したCPLD（Complex PLD）が登場し，1980年代の終わりから90年代のはじめに，大規模システムに使われました．しかし，大規模なプログラマブルロジックにはFPGAのほうが適していたため，現在はあまり使われていません．

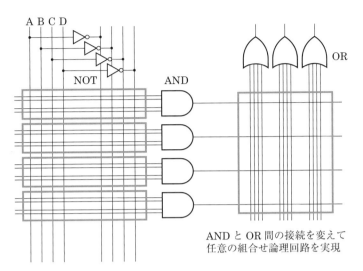

（a）プロダクトターム構造の PLD の構成例

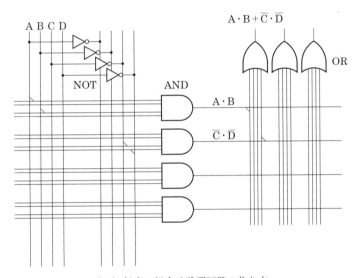

（b）任意の組合せ論理回路の作り方

■ 図5・1 プロダクトターム方法

5章　プログラマブルロジック

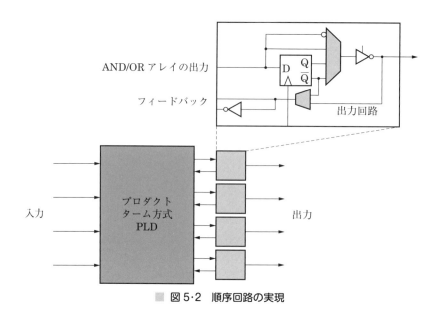

■ 図5·2　順序回路の実現

5·2·2 ルックアップテーブル方式

　任意の組合せ論理回路を作るもう1つの方法は，真理値表に相当するテーブルを使うことです．はやい話，ROMはアドレスを入力，データを出力とすれば，そのまま組合せ論理回路として使えます．しかし，4章で紹介したように，メモリの構造は多数のデータを効率的に保存するために適していて，入力数が少ない場合は効率が悪いです．このため，プログラマブルロジックのテーブルは，**図5·3**に示すようにレジスタとデータセレクタのツリー構造を使って作ります．ツリーのそれぞれの階層で，データセレクタの制御信号は共通になっていて，0ならば上から，1ならば下か

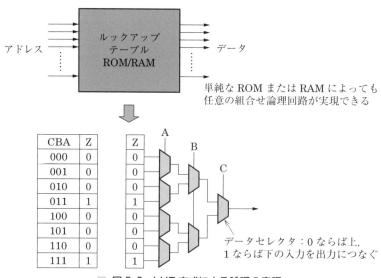

■ 図5·3　LUT方式による論理の実現

らの入力を選んで出力します．結果として真理値表と等価な回路ができていることがわかります．この方式を LUT（Look Up Table：ルックアップテーブル）方式と呼んでいます．

▶▶ 例題 5.1 ◀◀

図 5・4 の下のプロダクトターム構造と同じ働きをする LUT を示せ．

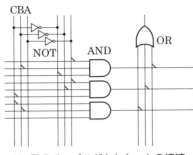

■ 図 5・4　プロダクトタームの接続

▶ 答 ◀　真理値表と同じなので，対応する LUT は下図のようになる．

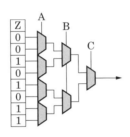

プロダクターム方式に比べて LUT は，入力数がある程度より小さければ小さな面積で実装ができます．また，レジスタとデータセレクタでできているので，ヒューズやフローティングゲートなどの特殊な素子を必要としません．一方，プロダクターム方式は，入力数が多い場合は LUT よりも有利で，複数の出力が必要な場合，AND ゲートを共有することができる利点があります．

5・3　FPGA

図 5・5 に示すように，4 入力程度の小さな LUT の出力に D-FF を設けた構造 2 個分を 1 つの論理ブロックとしてまとめ，これを LSI 上に一定の間隔を置いて並べます．間隔にはぎっしり配線を敷き，交点にスイッチを置きます．このスイッチは，同図中に示すように，トランジスタを ON/OFF することで線を切ったりつなげたりするための簡単な構造で作ります．3 章で紹介したトランスミッションゲートを使う場合もあります．さらに，論理ブロックと配線からの入出力も入出力用ブロック中の同様なスイッチで接続可能にし，さらにはチップ自体の入出力ピンに対してもス

5章　プログラマブルロジック

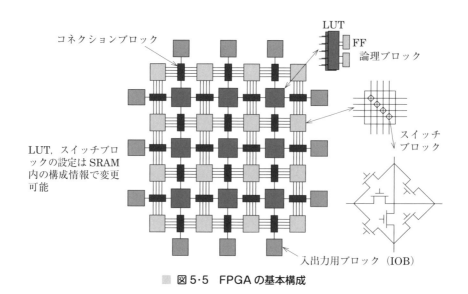

図5・5　FPGA の基本構成

イッチでつなぎます．論理ブロックは LUT のデータを変えることによりプログラムすることができ，論理ブロック間の接続はスイッチの ON/OFF をプログラムできるようにすれば，論理ブロック間を自由につなぐことができます．このような構造を FPGA（Field Programmable Gate Array）と呼びます．

フィールドプログラマブルとはユーザプログラムと同じような意味で，ゲートアレイとは ASIC の実装方法の 1 つで，要するにチップを使うユーザがプログラムすることができる LSI のことを意味します．図 5・5 のように論理ブロックが配線に取り囲まれる構造のことをアイランドスタイルと呼びます．配線の海の中に論理ブロックの島があるイメージです．LUT やスイッチの ON/OFF データを変えることにより，実現されるハードウェアが決まります．このデータを構成情報（コンフィギュレーションデータ：Configuration Data）と呼びます．

LUT やスイッチの実現方法によって FPGA は次の 3 種類に分類されます．
（1）　ヒューズの逆で，高圧で絶縁体を破壊して導通させるアンチヒューズ型
（2）　PLA 同様フローティングゲートを使う型
（3）　チップ中に SRAM を設けて構成情報を記憶する SRAM 型

このうち，（1）と（2）は不揮発性で，（1）はスイッチが金属で実現されるため高速で信頼性が高く，（2）は消費電力が小さいメリットがあります．（1），（2）ともにいまでもまだ使われているのですが，圧倒的に普及したのは（3）の SRAM 型です．SRAM 型は電源を切ると構成情報が消えてしまうため，毎回電源投入時に小さなフラッシュメモリや，コンピュータから構成情報を入れ直してやる必要があります．一見不便にみえるこの方法がなぜ普及したのでしょうか．それは，（1）や（2）と違って特殊な製造工程を必要とせず，マイクロプロセッサや ASIC と同じ普通の CMOS プロセスで作ることができたため，半導体技術の進歩の恩恵を直接受けることができたからです．FPGA は構造が単純なので，新しいプロセスが登場すると，すぐにそれを使って製品を作ること

ができます．さらに，ASICと違ってさまざまな用途に使えるので，多数製造することで開発費とマスク代を回収することができます．この型は1990年代の前半に米国のXilinx社が提案し，それ以来，価格，集積度，動作速度，電力のすべての点で大発展を遂げました．**図5·6**はプログラマブルデバイスの発達の様子を示しています．CPLDの大規模化を進めていた米国のAltera社も類似の方法を採用し，2015年現在，この2社が中心となって製品を開発しています．

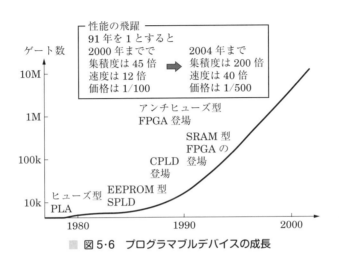

図5·6　プログラマブルデバイスの成長

5·4　FPGAの発展

当初，FPGAは図5·5に示したアイランドスタイルの単純な構造をもっていました．しかし，後にいくつか改良が加えられました．

(1) アイランドスタイルは隣の論理ブロックとの接続も，一度配線の海を通らないといけないため，加算器の桁上げ信号など論理ブロック間を数珠つなぎで結ぶ配線で性能が低下した．これを防ぐために，近接論理ブロック間の専用接続線が設けられた．

(2) FPGAでは当初，論理ブロック間のレジスタや，構成情報を入れておくSRAMを使ってデータを記憶した．しかしこの方法は大規模なデータの記憶には向いていなかった．そこで，データ格納専用のメモリを一定の間隔で置くようにした．

(3) 論理ブロックで作る演算素子は，効率が悪いため，専用の乗算器，積和演算器をやはり一定の間隔で置くようにした．これらは信号処理用途で使われるため，DSP（Digital Signal Processing）ユニットと呼ばれる場合もある．

(4) DRAMやネットワークに接続するための高速な入出力を設けた．また，チップによってはこれを制御する専用回路をIPの形で取り込んだ．最近はARMなどのマイクロプロセッサCPUの専用回路も取り込むようになった．

(5) 4入力の単純な構造のLUTから，6入力程度の構造をもつ，やや複雑な論理ブロックを使うようになった．

最近のFPGAの構造をXilinx社のVirtexシリーズを例に取って図5·7に示します．最近のFPGAはさまざまなIPを内蔵するようになり，ASICと同じように単一のチップ上にシステムをまるごと入れることができるようになりました．これをSoPD（System on Programmable Device）と呼びます．

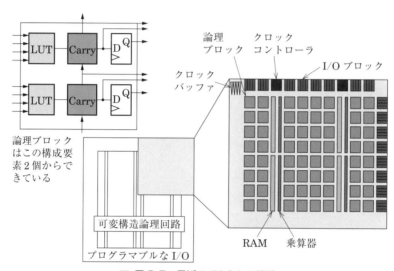

図5·7　最近のFPGAの構造

5·5　FPGAの設計

FPGAの設計ではIPを使う場合を除いては，その内部構造を意識する必要がありません．Verilog HDL，VHDLなどのハードウェア記述言語で記述し，動作周波数や入出力ピンについての制約を指定してやれば，専用のCAD（Computer Aided Design）ツールが自動的に構成情報まで生成してくれます．このため，1章でやった組合せ論理回路の最適化や2章でやった順序回路の設計を人手で行う必要はありません．これらのCADはXilinx社とAltera社がシミュレーション，デバッグ，論理合成，配置配線，構成情報の生成と書込みすべてが可能な統合ツールを提供しています．ありがたいことにこのパイロット版は無償なので，パソコンをおもちの皆様はこれをインストールして使ってみることができます．ハードウェア記述言語による設計では，本書で学んだビルディングブロックや状態遷移などを意識する必要があるのですが，最近はコンピュータのプログラミング言語であるCに似た記述から直接，構成情報まで吐き出すことができます．これをHLS（High Level Synthesis）による設計と呼びます．HLSを使った設計では，そのディジタル回路で何をやるかを書いてやれば自動的に回路が生成され，その構造を意識する必要がありません．このため，

画像圧縮や伸張などの複雑な動作を行うディジタル回路の設計に適しています．

5·6 FPGAの用途と分化

　FPGAは当初は主にプロトタイピングといって本格的にASICを設計する前に試しに作ってみるために使われることが多かったのですが，後に最終的な製品にも搭載されるようになりました．現在，FPGAは高速，大容量，強力なIPを装備していて高額なハイエンドの製品と，低価格だがそれなりの性能と容量を装備したローエンドに分化しています．ハイエンドの製品は，主にネットワークのスイッチなどに利用され，高速なシリアル通信用のIPを装備しているもの，DSPユニットを多数もち計算能力に優れるものなど，用途を絞ったサブファミリー化が進んでいます．一方，ローエンドの製品はさまざまなIT製品にASICに代わって使われ，ディジタル回路の実験用にもさまざまな製品が販売されています．

　SRAM型のFPGAは動作中に書換えが可能で，最近は大規模なLSIの一部を動作させながら，一部のみを書き換える部分再構成も可能になっています．このようにFPGAの柔軟性を利用し，対象や状況に合わせてディジタル回路の構成を変更して効率のよい処理を行うシステムが研究開発されています．このようなシステムをリコンフィギャラブルシステムと呼びます．リコンフィギャラブルシステムの研究は，FPGAなどの書換え可能なデバイスの構成法，設計技術，CAD，さまざまな分野での応用例，搭載する並列アルゴリズムなど広い分野で進んでいます．

　FPGAの普及と，HDL，HLS設計用CADの発達により，ディジタル設計者は，回路図描き，簡単化，半田付けやラッピングなどの単調で面倒な仕事から解放されました．いま，設計者に残されているのは，ディジタル回路を使ってどのように魅力的なシステムを作るか，という最も重要で楽しい部分です．本書のいままでの知識をベースにし，この真の意味での「設計」を楽しみながら魅力的なディジタルシステムを世に送り出してくれることに期待します．

◆ ◆ 演 習 問 題 ◆ ◆

【5·1】 CBA の 3 入力をもつ多数決回路を図 5·8 の（a）プロダクトターム方式，（b）LUT で実現せよ．

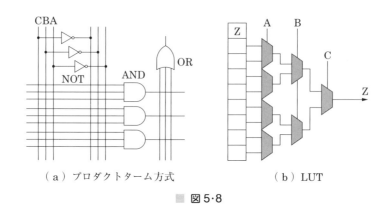

（a）プロダクトターム方式　　　　　（b）LUT

図 5·8

【5·2】 図 5·9 は FPGA 上の 2 つの論理ブロックを示している．各入出力の接続が自由に可能であるとして，以下の問いに答えよ．
（1） 1 から 3 まで数えて 1 に戻るカウンタを設計せよ．
（2） （1）のカウンタに入力 S を付け，S＝0 のときは値が変化しないようにせよ．

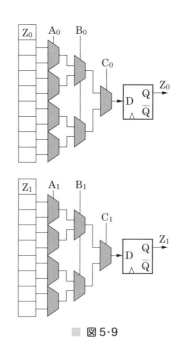

図 5·9

【5·3】 以下の説明に当てはまるデバイスを下の語群から選べ.
(1) コンピュータの主記憶に使われる記憶素子,大容量だがやや使いにくい.
(2) 現在のプログラマブルデバイスの主流,コンフィギュレーションデータは電源を切ると消失する.
(3) 特定目的用のIC,ディジタルカメラ,ビデオ,スマートフォンなどに用いられる.
(4) 高速,高信頼性のプログラマブルデバイスで,一度プログラムすると,構成の変更はできない.
(5) 大容量の不揮発性メモリ,最近はディスクの代わりに用いられる.
(6) コンピュータのキャッシュなどに用いられる揮発性メモリ,高速で使いやすい.

SRAM型FPGA, アンチヒューズ型FPGA, ASIC, SRAM, DRAM, フラッシュメモリ

【5·4】 SRAM型FPGAは電源を切ると,コンフィギュレーションデータが消失してしまう.以下の問いに答えよ.
(1) コンフィギュレーションデータをどのように保持すればよいか述べよ.
(2) なぜこのような欠点にもかかわらず,現在のFPGAの主流になったのか述べよ.

6章　その他のディジタル回路

6・1　微分・積分回路

6・1・1　CR による微分・積分回路

　いままでの章では，ディジタル信号をほとんど理想化して考えてきました．しかし，コンデンサ（キャパシタ）C や抵抗 R をうまく用いて，ディジタル回路にアナログ的技術を少し導入してやると非常に有効な場合があります．まず，基本となる微分・積分回路について勉強しましょう．

　図 6・1 に示すのが微分回路です．コンデンサは，入力の変化した瞬間だけ電流を流しますので B 点には A 点の電圧の変化に応じて細かいパルスが生じます．この回路は電圧と電流について微分方程式を立てて解いてやると，B 点の波形が A 点の微分になっていることから，微分回路と呼ばれます．

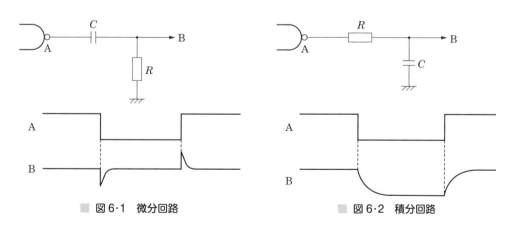

■ 図 6・1　微分回路　　　　　　■ 図 6・2　積分回路

　これと対称的な回路は，図 6・2 の積分回路です．A 点の電圧が立ち上がったとき B 点の電圧もこれに応じて立ち上がろうとしますが，コンデンサが抵抗を通して充電し終わるまで，この電圧は立ち上がりきりません．そこで波形は，同図に示すように遅れたようになります．

6·1·2 微分回路の応用

微分回路は，入力信号の変化に応じて細かいパルスを発生する回路として用いることができます．ただし，図6·1の回路はB点の定常電位をTTLのレベルに合わせるため**図6·3**のように抵抗で分割してやらなければなりません．この抵抗の値はTTLにおいて数kΩのオーダで

$$R_1 : R_2 = 2 : 3$$

ぐらいにするとよいようです．Cの値は，あまり小さすぎるとパルスをうまく発生することができなくなり，大体200〜500 pF程度がよいようです．

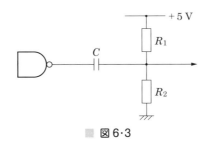

図6·3

6·1·3 積分回路の応用

積分回路は**図6·4**に示すようにそのままディジタル信号を遅らせるディレイ回路として用いることができます．このときの遅れの目安となる値が時定数 τ です．

$$\tau = RC \ [\text{sec}]$$

図6·4は厳密には，立ち上がる瞬間を $t=0$ とすると電圧 V は

$$V = E(1 - e^{-\frac{t}{RC}})$$

というカーブを描きます．ここで，$t = \tau = RC$ のとき $V = E(1 - e^{-1})$ となります．

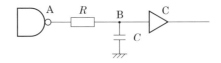

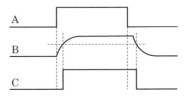

図6·4 積分回路によるディレイ

e は 2.71823……で，E を電源電圧 5 V とすると時定数 τ に相当する時間の経過後，$V = 3.2$ V くらいになります．大体まん中よりちょっと上くらいの電圧だと思ってください．つまり，時定数 τ はまん中よりちょっと上くらいまで電圧が上がるまでの時間ということになります．

普通，ディジタル回路のスレッショルドレベルは CMOS ではまん中，TTL ではまん中より下なので，積分回路の遅延は時定数 τ より少し小さ目，つまり

$$t_P \fallingdotseq 0.7RC$$

くらいになります．ただし，この手の回路の遅延時間はさほど精密ではなく，正確でなくてもよいときに限り使われます．

電圧レベルが 5 V ならば R の値は数百 Ω～数 kΩ が適当です．この方法で得られるディレイは 100 μsec 程度が限度で，それ以上は波形がなまりすぎて危険です．なまりすぎた波形がスレッショルドレベル付近のノイズに弱いということはすでに 3・6・3 項で説明しました．このディレイは，もちろん信号の伝搬を遅らせる役目に用いますが，それだけではなく，次に示すような応用が可能で非常に便利です．

(1) 信号の立上り・立下りの検出　信号の立上り・立下りの検出は図 6・3 の微分回路によって可能ですが，この回路よりも実際は，**図 6・5** のような積分回路を利用した回路がよく用いられます．

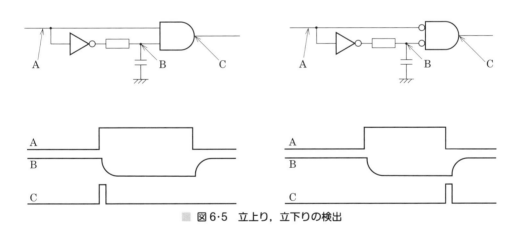

図 6・5　立上り，立下りの検出

(2) パルスの幅の短縮・伸長　〔1〕と全く同じ原理で**図 6・6** のようにパルス幅の短縮・伸長を行うこともできます．この回路は，ノイズを除去する働きもあります．

このように微分・積分回路を扱う場合，注意しなければならないのは配線です．先に述べたとおり，このような回路は基本的にディジタル波形の理想の状態から遠ざける性質のものですから，どうしてもスレッショルドレベル付近のノイズの問題が起きます．このため配線はできる限り短くしないと危険です．

6章　その他のディジタル回路

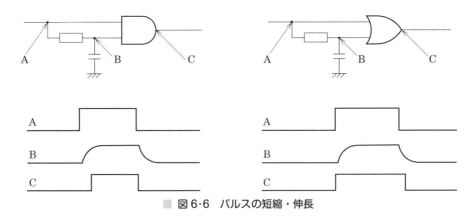

■ 図6・6　パルスの短縮・伸長

6・2　1発パルス発生回路

6・2・1　モノステーブルマルチバイブレータ

6・1節で述べた微分・積分回路によっても，入力の変化（入力トリガ）に対応して，1発パルスを出す回路を構成することができました．しかし，入力パルスより長いパルスを発生させるときや，少し正確なパルスを発生させる場合，モノステーブルマルチバイブレータ（長いので以降モノステーブルマルチと略します）と呼ばれる専用の回路を用います．モノステーブルマルチはゲートとCRを用いて構成することもできますが，大抵は専用のICを用いてしまいます．

モノステーブルマルチは次に示すような2種類に分けることができます．

（ⅰ）　ノンリトリガブル：パルスを発生中は，入力トリガが来ても無視する．
　　　例　555
　　　　　74121
（ⅱ）　リトリガブル：パルスを発生中に入力トリガが来た場合，発生パルスは延長される．
　　　例　74122
　　　　　74123

図6・7に発生パルスの長さをtとしたときの両者の動作の相違を示します．

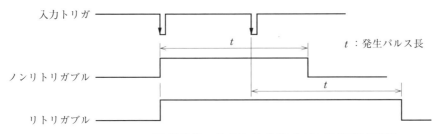

■ 図6・7　ノンリトリガブルとリトリガブルの相違

6・2・2 ノンリトリガブルのモノステーブルマルチバイブレータ

図6・8にノンリトリガブルのモノステーブルマルチ74121のピン配置図とファンクションテーブルを示します．発生するパルスの長さtは外付けのCとRによって決定されます．

$$t = 0.7CR$$

トリガ入力は，立下りでトリガされるA_1，A_2と立上りでトリガされるBの2種類があります．発生パルスはC（0～1 000 μF），R（1.4～30 kΩ）の範囲で40 nsecから28 secまで変えられます．しかし，大容量の電解コンデンサは精度が悪いため長いパルスを正確に発生させるのは困難で，μsec～nsecのオーダで使うのが普通です．一般にモノステーブルマルチはノイズに弱く，特に次の点は注意が必要です．

（ⅰ）外付けのR, Cまでの配線はできる限り短くすること
（ⅱ）Rの値が大きくなるとノイズに弱くなる傾向にあるので，Rは不必要に大きくしないこと
74121より長いパルスを正確に発生できるICとして，タイマ用IC555があります（図6・9）．

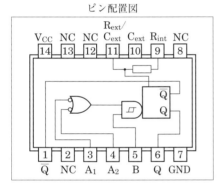
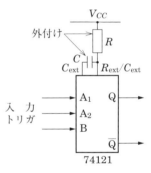

■ 図6・8 ノンリトリガブルモノステーブルマルチバイブレータ74121

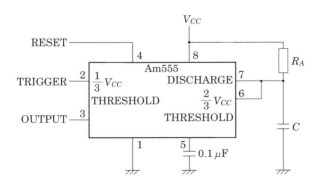
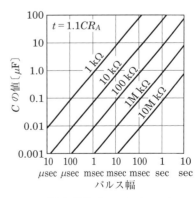

（a）モノステーブル動作をさせるときの回路　　（b）発生パルスのチャート

■ 図6・9 モノステーブル動作時の555

このICは，内部に電圧比較器などのアナログ部をもち，8ピンでTI社のTTLとはやや違っています．しかし，安価かつ正確でよく用いられます．μsecオーダ以上のパルスでしたら74121よりもこちらのICをお勧めします．次に回路とパルスの幅（t）の式を示します．

$$t = 1.1CR_A$$

トリガ入力は立下りであり，トリガ入力の電圧が1/3 V_{CC} 以下になるとトリガがかかります．RESETは普段はHレベルに固定しておきます．

6・2・3 リトリガブルのモノステーブルマルチバイブレータ

代表例として74123を示します．74123は図6・10に示すようにモノステーブルマルチが2個入っているICです．使い方は，リトリガブルであることを除けば74121とほとんど同じです．発生するパルス幅 t は同図に示すように場合によって異なった式を用います．

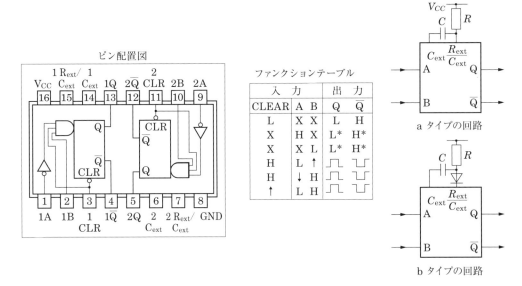

※ 74123は C の値が小さいときaタイプの回路を用いる．
このとき

$$t = 0.28\,RC\left(1 + \frac{0.7}{R}\right) \quad \text{[nsec]} \quad (R:\mathrm{k\Omega},\ C:\mathrm{pF})$$

ただし，この式は $C < 1\,000$ pF ではやや誤差を生じる．C の値が大きいときはbタイプの回路を用いる．
このとき

$$t = 0.25\,RC\left(1 + \frac{0.7}{R}\right) \quad \text{[nsec]} \quad (R:\mathrm{k\Omega},\ C:\mathrm{pF})$$

※ 74LS123はaタイプの回路を用いる．
このとき

$$t = 0.45\,RC \quad \text{[nsec]} \quad (R:\mathrm{k\Omega},\ C:\mathrm{pF})$$

ただし，この式は $C < 1\,000$ pF ではやや誤差を生じる．

図6・10　リトリガブルモノステーブルマルチバイブレータ74123

6・2・4 まとめの例題

ここで，いままでのまとめの意味で例題をやってみましょう．

▷▷ **例題 6.1** ◁◁

図 6・11 において入力の立上りを検知して 1 μsec のパルスを発生する回路を設計せよ（ただし入力は十分長いとする）．

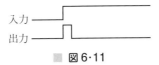

■ 図 6・11

▶**答**◀ （1）積分回路を用いる方法：簡単だがパルスの幅は不正確（**図 6・12**）．

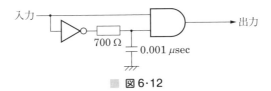

■ 図 6・12

（2）モノステーブルマルチを用いる方法：C と R に精度のよいものを用いればかなり正確（**図 6・13**）．

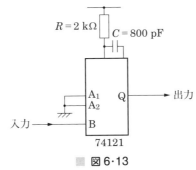

■ 図 6・13

（3）同期微分回路（例題 2.2 参照）を用いる方法：クロックが水晶ならば非常に正確．1 MHz のクロックの間隔でのみサンプルされる（**図 6・14**）．

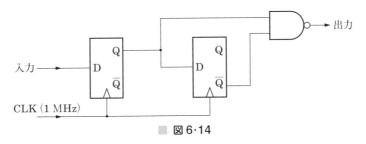

■ 図 6・14

(4) 同期微分回路+同期カウンタを用いたタイマ（例題 2.6，例題 2.8 参照）を用いる方法：非常に正確，クロックは 10 MHz（**図 6・15**）．

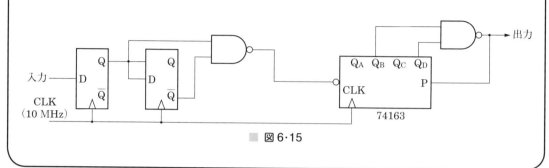

■ 図 6・15

▶▶ **例題** 6.2 ◀◀

図 6・16 のように非常に細かい入力パルスにトリガされて，1 msec のパルスを発生する回路を設計せよ．

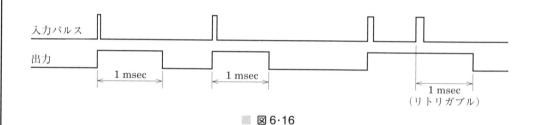

■ 図 6・16

▶**答**◀ （1） モノステーブルマルチを用いる（**図 6・17**）．

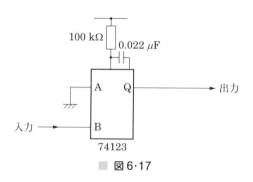

■ 図 6・17

(2) 同期微分回路＋同期カウンタ（例題2.6と例題2.8を参照，図6・18）を用いる．

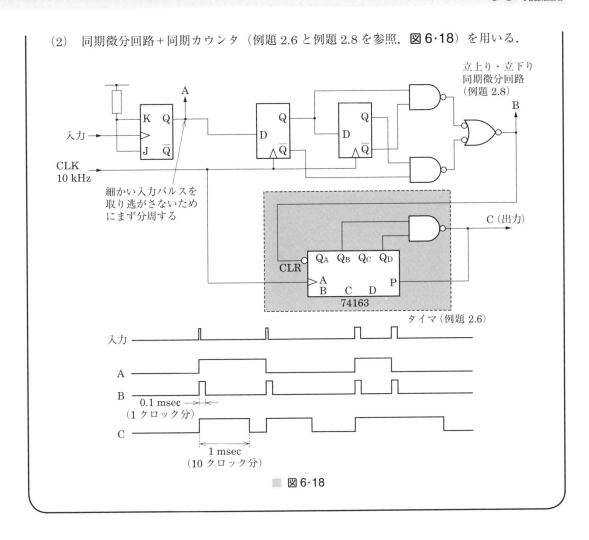

図6・18

6・3 発振回路

ディジタル回路のシステムクロックなどを発振させる発振回路としては次に示すようなものがあり，場合によって使い分けられます．
（ⅰ）水晶発振子を用いる．
（ⅱ）専用ICを用いる．
（ⅲ）ゲートと CR を用いる．

6・3・1 水晶発振子を用いる発振回路

一般に少し大きなディジタルシステムのシステムクロックとしては，安定かつ正確な水晶発振子が用いられます．図6・19(a)に最も簡単な発振回路を示します．抵抗の値は，水晶によって波形が乱れる場合は調整する必要があります．抵抗の代わりにコンデンサを用いる，同図（b）のよう

な回路も用いられます．抵抗の値はTTLでは数kΩ，CMOSでは数百kΩくらいを使います．

最近は発振器と水晶発振子を内蔵したクロックオシレータが市販されています．簡単に安定なクロックが発生できるため，図6・19の回路は使われなくなってきています．

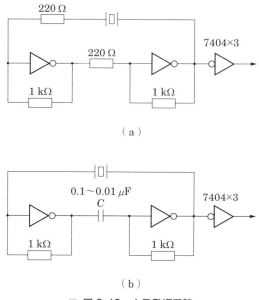

図6・19 水晶発振回路

6・3・2 専用ICを用いる発振回路

水晶を用いるほど正確さと安定度が要求されないものの，あまりいい加減でも困る場合，発振用のICを用います．代表例として先に出てきた555を挙げます．このICは，簡単かつ安価なわりに安定しており正確です．図6・20に555を用いた発振回路を示します．この回路の発振周波数の安定度と精度は外付けのR，Cに依存します．したがって，Rに金属皮膜抵抗，Cに安定度のよいコンデンサを用いれば，かなりよい発振器となります．

6・3・3 ゲートとCRを用いる発振回路

発振周波数は全くいい加減でよく，大体オーダがあっていればよい，というときはゲートとCRによって方形波の発振器を構成することが可能です．

TTLでは図6・21のような回路が標準的です．この発振器の発振周波数は主としてCで決定されますがRの値を変化させることによって多少周波数を変えることができます．もっともこのRは，インバータの入力電圧を一定レベルまで上げてやるバイアス抵抗の役割をもっているため，むやみに変えると発振が不安定になります．おおむね数百Ω～数kΩのオーダが安全だと思います．

CMOSによる発振回路を図6・22に示します．

CMOSは入力インピーダンスが高いため，TTLの発振器より広い範囲（主に低い周波数）で周

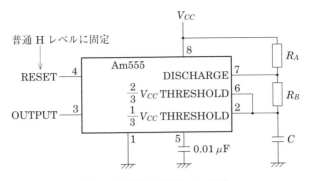

（a）発振動作を行うときの回路

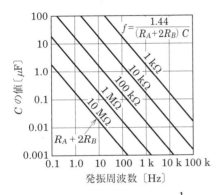

発振周波数 f の計算式：$f = \dfrac{1}{0.693(R_A + 2R_B)C}$

（b）発振周波数のチャート

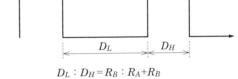

$D_L : D_H = R_B : R_A + R_B$

（c）発振波形

■ 図6・20　発振動作時の555

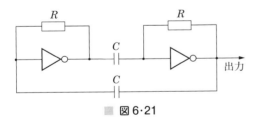

■ 図6・21

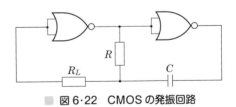

■ 図6・22　CMOSの発振回路

波数を変えることが可能です．

　図6・22の回路では，発振周波数は CR で決まります．R_L は発振しやすくするための抵抗で数十 kΩ くらいを使います．発振の L → H, H → L への切換りは大体遅延時間に等しくなるので

$$f = \frac{1}{0.7CR} \times \frac{1}{2} \fallingdotseq \frac{0.7}{CR}$$

になります．

6・3・4 マルチバイブレータとは

1発パルス発生回路のところでいきなりモノステーブルマルチバイブレータという言葉が出てきて面くらったかと思います．マルチバイブレータというのは，発振器やFFなど順序回路の基礎となる素子の総称で，パルス回路やディジタル回路の本をみると必ず出てくる言葉ですので少し解説しておきましょう．マルチバイブレータには次の3種類があります．

（ⅰ）　無安定（アステーブル）マルチバイブレータ：6・3・3項で述べた発振回路
（ⅱ）　単安定（モノステーブル）マルチバイブレータ：6・2節で述べた1発パルス発生回路
（ⅲ）　双安定（バイステーブル）マルチバイブレータ：2章の2・1・2項で述べた$\overline{S}\overline{R}$ラッチ

トランジスタを用いてディジタル回路を構成していた時代，この3種類のマルチバイブレータはよく似た基本回路をもっていたため，まとめて取り扱われました．しかし，現在ディジタル回路を学ぶときは分けて考えたほうが理解しやすいため，この本ではいままでに述べてきたような順番にしました．

PLL とリングオシレータ

本章の内容は，TTLの標準ICを基板上で実装した古典的なディジタル回路でよく用いた方法です．最近はFPGAやASICなどの半導体チップの中に大規模なディジタル回路を実装します．半導体上には，抵抗やコンデンサは実装しにくいので，このような方法は使いません．まず，水晶発信子と発信回路を組み合わせたクロック発生素子（クロックジェネレータ）を使って基本クロックを発生させ，これをチップに入力します．チップ内部にはPLL（Phase Locked Loop）と呼ばれる位相同期回路があり，分周器とフィードバックにより，基本クロックからさまざまな周波数，位相を持ったクロックを発生し，これを内部のディジタル回路で使います．FPGAに内蔵されているPLLは，構成情報の設定を変えることでさまざまな周波数，位相を設定することができ，大変便利です．

チップ内でクロックを発生する場合は，NOTゲートを奇数個，数珠つなぎにして，最後の出力を最初の入力に接続することで，リングオシレータと呼ぶ発振器を作ることができます．

リングオシレータの発振周波数はゲートの個数×遅延によって決まります．

7章 復習——シーケンス制御の例

7・1 シーケンス制御とは

　この本の終わりにあたって，いままで勉強したテクニックをシーケンス制御と呼ばれる分野に応用してみましょう．

　シーケンス制御とは，工場の生産ラインやほかの機械をコントロールする回路を指し，現在ディジタル回路がよく用いられている分野の1つです．シーケンス制御には次に示すような種々の回路がありますが，いずれもいままでに習得した技術を応用すれば比較的簡単に解決できます．以下，例題を中心に勉強していきましょう．

(ⅰ) 条件制御：ある条件が満たされたことを検出する．
　　　1章で述べた組合せ論理回路を応用する．
(ⅱ) 優先制御：優先度をもたせた制御．
　　　1章，2章で述べたことをうまく組み合わせる．
(ⅲ) 順序制御：ある順番にコントロールを行っていく．
　　　2章で述べたカウンタやフリップフロッププログラミングを用いる．
(ⅳ) 時間制御：時間を計ってコントロールを行っていく．
　　　2章のカウンタまたは6章の微分・積分回路，モノステーブルマルチを用いる．

7·2 条件制御

ある条件が満たされたかどうかを検出して制御を行います．1章の1·2節で勉強した加法標準形設計法や1·3節のカルノー図による簡単化を復習しましょう．

▷▶ 例題 7.1 ◀◁

次のような仕様の冷房装置の制御回路を設計せよ（図7·1）．

（ⅰ）入力としては，始動ボタン（押すとH），温度測定器（25℃以上でH），湿度測定器（80％以上でH）の3つがある．また，冷房装置はHレベルで稼動する．

（ⅱ）温度が25℃以上になり，かつ湿度が80％以上になると，始動ボタンにかかわらず冷房が自動的に入る．

（ⅲ）温度が25℃未満，かつ湿度が80％未満になると，冷房は自動的に切れる．

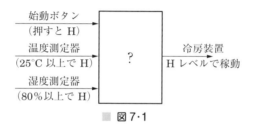

■ 図7·1

▶**答**◀ （1）カルノー図を用いる方法．始動ボタン＝A，温度測定器＝B，湿度測定器＝Cとすると図7·2のようなカルノー図が得られる．

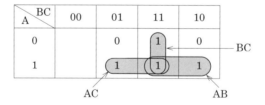

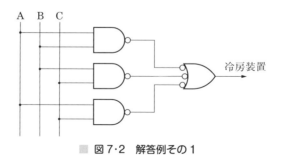

■ 図7·2 解答例その1

(2) カルノー図を用いず，仕様書の文書をそのまま MIL 記号の考え方から回路にする方法（図 7・3）．

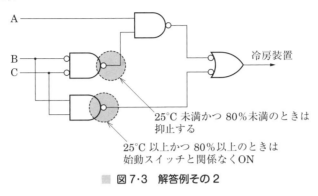

■ 図 7・3　解答例その 2

7・3 優先制御

早く来た入力によって，ほかの入力を無視させる制御を優先制御といいます．記憶作用が必要なことから 2 章で学習したラッチ，フリップフロップを用います．

▶▶ **例題 7.2** ◀◀

クイズ番組で 2 人の回答者がいる．どちらか早くボタンを押したほうのランプが点灯する回路を設計せよ．ただし，ランプは司会者のボタンによってリセットされる．

▶**答**◀　$\overline{S}\overline{R}$ ラッチを用いる（図 7・4）．

一方のラッチがセットされると他方のラッチの入力は抑止される．

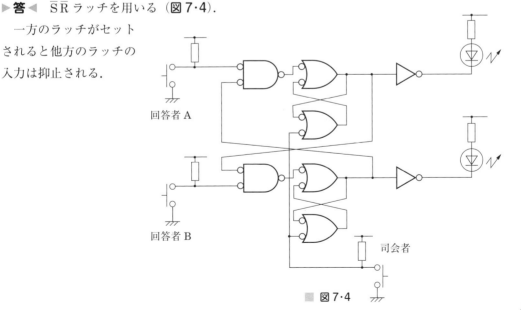

■ 図 7・4

▶▶ 例題 7.3 ◀◀

図 7・5 のモータはリレー R_1 が作動すると正転，R_2 が作動すると逆転する．このコントロール回路を設計せよ．

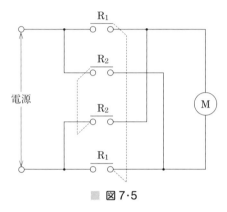

■ 図 7・5

▶答◀　R_1 と R_2 が同時に ON になると電源が短絡してしまう．そこで，例題 7.2 と同じ回路を用いてこのことをうまく防いでやる（図 7・6）．

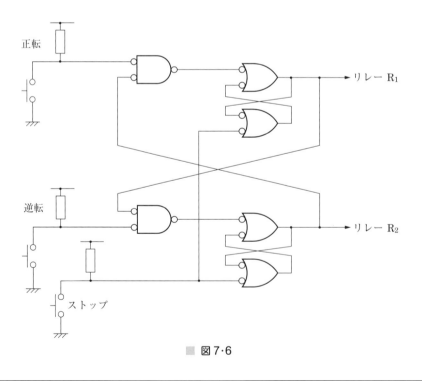

■ 図 7・6

7・4 順序制御

ある順番で入力が来たときに制御を行う回路で，主として2章の応用です．2・2節で説明した順序回路の設計法を用いるとこの手の回路はなんでも設計できますが，実際はこの技術を使わなくても済むような簡単な制御が多いようです．

▶▶ **例題** 7.4 ◀◀

図7・7のように2本のベルトコンベアからAとBの2種類の製品が同じ速度で流れてくる機械がある．C地点には製品を組み立てる機械があるが，この機械にはA製品が先に到着する必要がある．また，2本のベルトコンベアには製品が到着したときに，パルスを発生する光電検知器がある．

組立て作業がうまくいくように，ベルトコンベアをコントロールする制御回路を設計せよ．

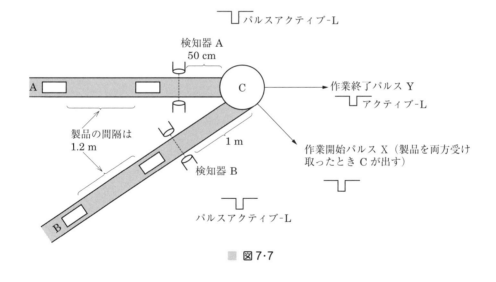

図7・7

▶ **答** ◀ 次のような操作を行えばよい（図7・8）．

（ⅰ）検知器Aと検知器Bのうち，Bのほうが先にパルスを出してきたらベルトBをストップする．

（ⅱ）作業中に製品が到着したらストップする．

（ⅲ）製品A，製品Bの到着を示すラッチと機械Cの作業中を示すラッチを3つ用意する．

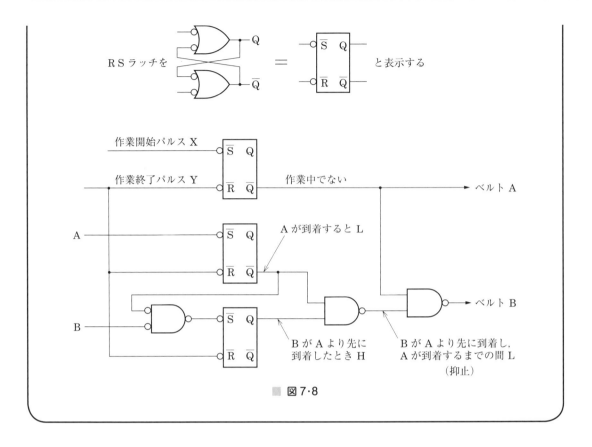

■ 図7・8

7・5 時間制御

時間制御には次の2つの方法があります．
（ⅰ）CRによる微分・積分回路またはモノステーブルマルチを用いる方法．
　　　利点：簡単でシステムクロックが不要．
　　　欠点：時間の精度が低い．
（ⅱ）同期カウンタなどを用いたタイマ回路を用いる方法．
　　　利点：時間は非常に正確，安定性も高い．
　　　欠点：システムクロックが必要．回路は複雑．

▶▶ **例題 7.5** ◀◀

次の仕様の OHP（オーバーヘッドプロジェクタ）の制御回路を設計せよ（**図 7·9**）．
（ⅰ） SW を ON にすると直ちにファンが回転を開始し，3 秒後にランプが点灯する．
（ⅱ） SW を OFF にすると直ちにランプが消灯し，5 秒後にファンの回転が停止する．

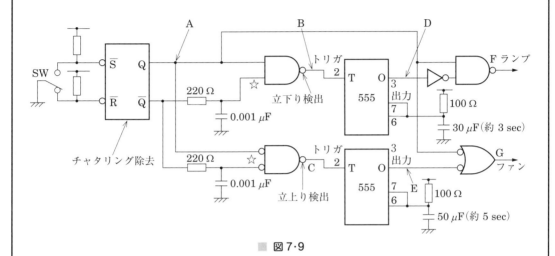

■ 図 7·9

▶ **答** ◀ 図 7·10 を参照．わざわざ積分回路を 2 個用いたのは，図 7·9 の☆の部分からファンアウトを 2 つとるのは危険であるため．

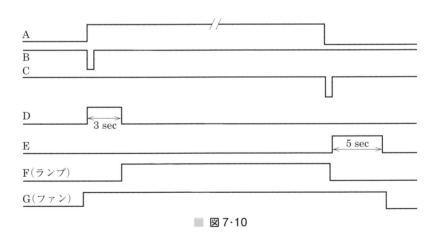

■ 図 7·10

▶▶ 例題 7.6 ◀◀

リセットパルスが入ったとき図 7・11 のようなパルスを発生させるイニシャライザ（初期化回路）を設計せよ．

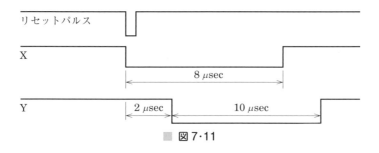

図 7・11

▶答◀　(1)　モノステーブルマルチを利用する（図 7・12）．

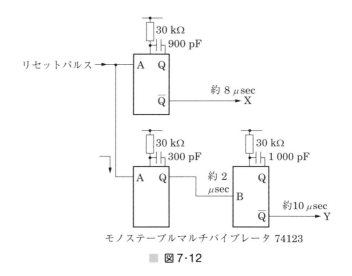

モノステーブルマルチバイブレータ 74123

図 7・12

(2)　同期カウンタを利用する（図 7・13）．

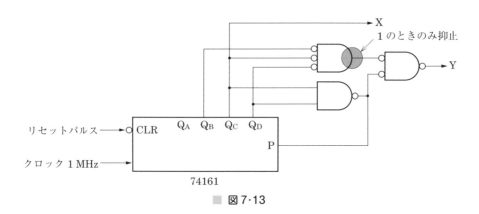

図 7・13

(3) 順序回路を利用する（**図 7·14**）．

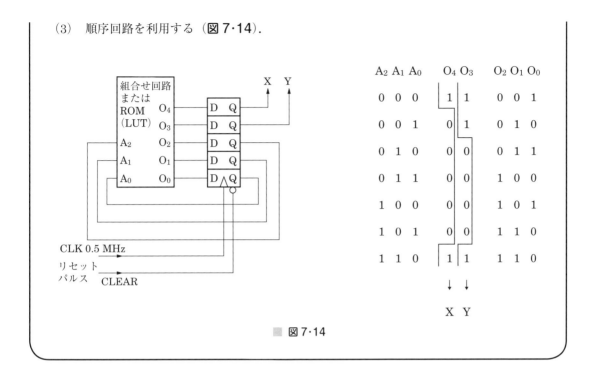

図 7·14

◆ 演習問題の解答またはヒント ◆

【1·1】 (a)
C	B	A	Z
L	L	L	L
L	L	H	H
L	H	L	H
L	H	H	H
H	L	L	H
H	L	H	H
H	H	L	H
H	H	H	H

(b)
C	B	A	Z
L	L	L	H
L	L	H	L
L	H	L	L
L	H	H	L
H	L	L	L
H	L	H	L
H	H	L	L
H	H	H	L

【1·2】 (a)
C	B	A	Z
L	L	L	H
L	L	H	L
L	H	L	L
L	H	H	L
H	L	L	L
H	L	H	H
H	H	L	L
H	H	H	H

(b)
C	B	A	Y	Z
L	L	L	L	H
L	L	H	L	L
L	H	L	L	H
L	H	H	L	H
H	L	L	L	H
H	L	H	L	L
H	H	L	L	L
H	H	H	L	L

【1·3】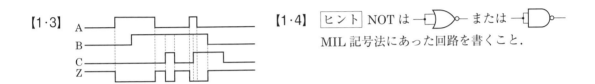

【1·4】 ヒント　NOT は ─▷o─ または ─⊐o─
MIL 記号法にあった回路を書くこと．

【1·5】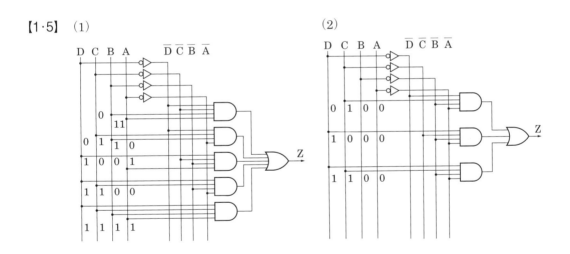

(3) (1) の図中の ─▷o─ を ─⊐o─ に，─D─ を ─D o─ に，─⊃─ を ─⊃o─ に
すべて変える．(2) も同様．

【1·6】 (1) ①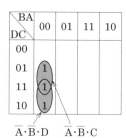

(2) ①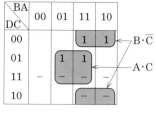

2, 3, 5, 7 の4つ

② 回路図は省略. ② 回路図は省略.

【1·7】 (1)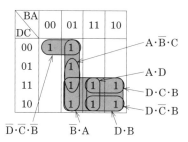

このうち
$\begin{cases} \overline{D}\cdot\overline{C}\cdot\overline{B} \\ \overline{B}\cdot A \\ D\cdot B \end{cases}$ のみで回路を書けばよい.

(2) 回路図は省略.

(3) $\overline{B}\cdot A + \overline{D}\cdot\overline{C}\cdot\overline{B} + D\cdot B$

【1·8】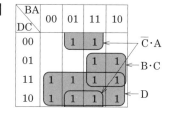

【1·9】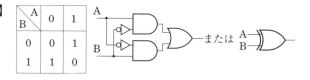

(2) 回路図は省略.

【1·10】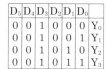

【1·11】 (1)

D_5	D_4	D_3	D_2	D_1	D_0	
0	0	1	0	0	0	Y_0
0	0	1	0	0	1	Y_1
0	0	1	0	1	0	Y_2
0	0	1	0	1	1	Y_3

(2)

D_6	D_5	D_4	D_3	D_2	D_1	D_0	
1	1	0	1	X	0	0	Y_0
1	1	0	1	X	0	1	Y_1
1	1	0	1	X	1	0	Y_2
1	1	0	1	X	1	1	Y_3

D_4, D_3, D_2 ⇒ 010 でも 011 でも OK なので
D_2 は don't care になる

【1·12】 $A_2 = B_2$, $A_1 = B_1$, $A_0 = B_0$ のとき.

【2·1】
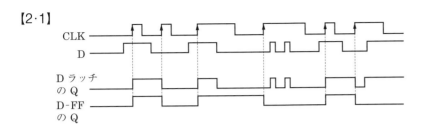

【2·2】
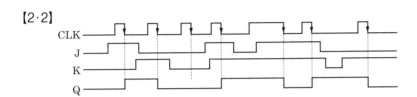

【2·3】 ヒント Q_A はDラッチ，Q_B はD-FF（立上りエッジ），Q_C はJK-FF（立上りエッジ）．あとは【2·1】，【2·2】と同じ．

【2·4】 ヒント RSラッチのチャタリング除去回路＋立上り同期微分回路（例題2.2）．

【2·5】 ヒント 例題2.5とほとんど同じ．2つのFFは同時に状態が変化することに注意．

【2·6】
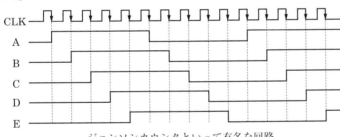
ジョンソンカウンタといって有名な回路．

【2·7】 (1) 非同期9進カウンタ
(2) 85ページを参照のこと．
(3)
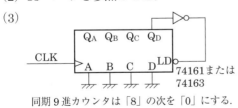
同期9進カウンタは「8」の次を「0」にする．

【2·8】
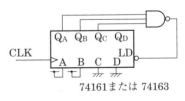

177

演習問題の解答またはヒント

【2・9】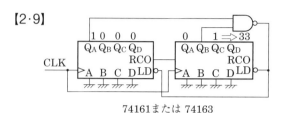

74161または74163

【2・10】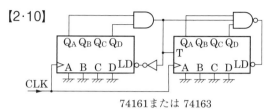

74161または74163

【2・11】

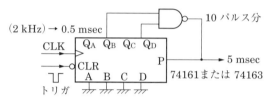

【2・12】 ヒント 例題2.9とほとんど同じ.

【2・13】 天野研究室ホームページを参照のこと.

【3・1】 (1)
B	A	Y
L	L	H
L	H	L
H	L	L
H	H	L

(2)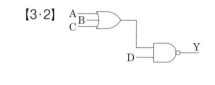

【3・2】

【3・3】

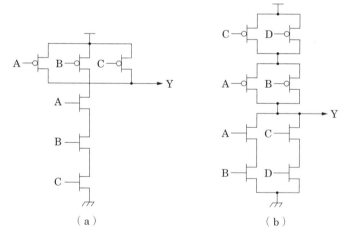

(a)　　　　　　　(b)

【3・4】 (1) Hレベル：$(2.5-0.2)-1.6 = 0.7\,\mathrm{V}$

Lレベル：$0.7-0.2 = 0.5\,\mathrm{V}$

(2) Hレベル：$(1.65-0.2)-1.6\times 0.65 = 0.41\,\mathrm{V}$

Lレベル：$0.2\times 1.65-0.2 = 0.13\,\mathrm{V}$

【3·5】 (1) $3.7 \times 3 = 11.1$ nsec

(2) $7.4 \times 3 = 22.2$ nsec

【3·6】 FF の遅延 + ゲートの遅延 + FF のセットアップ時間 $= 4.2 + 2.8 \times 2 + 1.5 = 11.3$

$1/11.3 = 88.4$ MHz

【3·7】

N_0

$C_1 \backslash C_0$	0	1
0	-	0
1	1	1

N_1

$C_1 \backslash C_0$	0	1
0	-	1
1	1	0

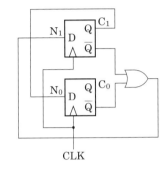

FF の遅延 + ゲートの遅延 + FF のセットアップ時間 $= 4.8 + 3.7 + 1.5 = 10.0$ nsec より, 求める動作周波数は $1/(10 \times 10^{-9}) = 100$ MHz

【3·8】 (1)

A	E	Y
L	L	Hi-Z
H	L	Hi-Z
L	H	H
H	H	L

(2) Hi-Z は, ハイインピーダンス状態を指す.

この回路は3ステートゲートとして使える. トランジスタ数が少なくて済む利点があるが, 出力される値が電源 (GND) からでなく入力から来るため, 動作速度, 電圧レベルの保持上, 問題が生じる場合がある.

【4·1】

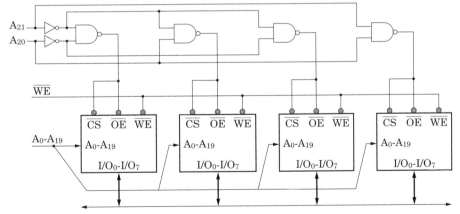

74139 を用いてもよい.

【4·2】 (1) (a) $55 + 5 = 60$ nsec

(b) 55 nsec $>$ 25 + 5, よって 55 nsec

(2) (a) $55 + 35 = 90$ nsec

(b) 55 nsec $<$ 25 + 35, よって 60 nsec

【4・3】 ・120 MHz なので 8.3 nsec
　　　　・7 clock で 8×8＝64 ビット転送可能
　　　　・7×8.3＝58.1 nsec で 64 ビット転送可能，すなわち 64/58.1 nsec＝1.1 Gbps

【4・4】 2^{17}＝128 M×16 ビット＝2048 M ビット＝2 G ビット

【4・5】 通常，アドレスは 2 回に分けて与えるので，2^{24}＝4 G ビット

【4・6】 SRAM は図 4・4 に示したように，4～6 個のトランジスタを用いて記憶要素を構成する場合が多い．これに対して DRAM はコンデンサの容量により記憶を行うため，トランジスタが 1 個で済む．このため，SRAM の数倍の容量を実現することができる．

【4・7】 MRAM, すなわち磁気抵抗メモリは不揮発性で，DRAM に代わってコンピュータの主記憶としての利用が期待されている．

【5・1】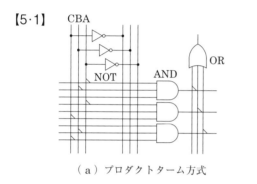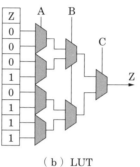

　　　（a）プロダクトターム方式　　　　　（b）LUT

【5・2】（1）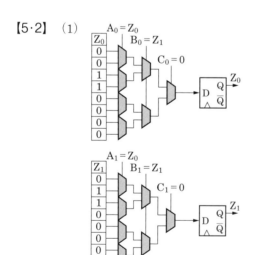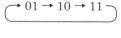

(2)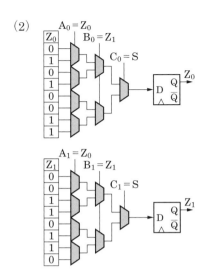

S = 1 のとき：

$01 \to 10 \to 11$

S = 0 のとき：自分の番号

【5·3】 (1) DRAM

(2) SRAM 型 FPGA

(3) ASIC

(4) アンチヒューズ型 FPGA

(5) フラッシュメモリ

(6) SRAM

【5·4】 (1) フラッシュメモリに構成情報を入れておき，電源投入とともに流し込む場合が多い．PC などから設定する場合もある．

(2) CMOS プロセスがそのまま利用可能で，低コストで大規模化が可能であったため．

索　引

ア　行

アイランドスタイル	146
アクセス時間	131
アクティブ-H	008
アクティブ-L	008
アドレス	130
アナログ回路	001
アンチヒューズ型	146
イグジスト	009
イネーブル端子	040
イネーブル付 D-FF	061
イーブンパリティ	047
インバータ	007, 116
エッジ	060
エンコーダ	041
オッドパリティ	047
オープンドレイン出力	121
オームの法則	095
オール	008

カ　行

カウンタ	076
加減算器	036
加算器	033
カスケード入力	046
加法標準形設計法	017
カルノー図	020
奇数パリティ	047
揮発性	129, 136
基本ゲート	007
キャリルックアヘッド方式	035
キルヒホッフの第1法則	095
禁止状態	057
禁止入力	026
偶数パリティ	047
駆動能力	102, 104
組合せ論理回路	002, 007
クリティカルパス	107
クロック	056
クロックオシレータ	162
クロックゲーティング	112
クロック付 RS-FF	087
クロックディレイ	063
ケタ上げ先見方式	035
ゲート	005
ゲートアレイ	146
減算回路	036
減算器	036
構成情報	146
コンパレータ	045
コンフィギュレーションデータ	146

サ　行

最大動作周波数	111
雑音余裕度	103
算術論理部	037
時間制御	165, 170
しきい値	001
シーケンス制御	165
システム LSI	141
シフトレジスタ	064, 086
集積回路	005
集積度	005
シュミットトリガ入力	123
順次ケタ上げ方式	035
順序回路	002, 055
順序制御	165, 169
小規模 PLD	142
条件制御	165, 166
状態遷移図	070
状態遷移表	070
消費電流	112
消費電力	112
ショットキーバリアダイオード	118
シンクロード	104
真理値表	007

索　引

推奨動作条件 …………………………… 100
水晶発振子 ……………………………… 161
スケマティック設計 …………………… 031
ストレージ ……………………………… 136
スレッショルドレベル ……… 001,102,103

静的タイミング解析 …………………… 108
静的電流 ………………………………… 112
静電破壊 ………………………………… 113
静特性 …………………………… 100,102
積分回路 ………………………………… 153
セット …………………………………… 055
セットアップタイム …………………… 108
全加算器 ………………………………… 034
選択回路 ………………………………… 042

相補的 …………………………………… 096
ソースロード …………………………… 104

タ　行

ダイオード ……………………………… 114
大規模集積回路 ………………………… 005
多数決回路 ……………………………… 018

チャタリング …………………………… 057
超大規模集積回路 ……………………… 005

ディジタル回路 ………………………… 001
デコーダ ………………………………… 038
データセレクタ ………………… 042,043
伝搬（伝播）遅延時間 ………… 105,106

透過型ラッチ …………………………… 059
同期 n 進カウンタ ……………………… 079
同期カウンタ …………………………… 076
同期クリア ……………………………… 077
同期式ディジタル回路 ………………… 062
同期式のメモリ ………………………… 130
同期微分回路 …………………………… 065
動作条件 ………………………………… 100
動作電流 ………………………………… 112
動的電流 ………………………………… 112
動特性 …………………………… 100,105
特定用途向け IC ……………………… 141
トグルモード …………………………… 067
ド・モルガンの法則 …………………… 011
トライステート出力 …………………… 119
トランジスタ …………………………… 114
トランスファーゲート ………………… 100
トランスペアレントラッチ …………… 059

トランスミッションゲート …………… 100
トレードオフ …………………………… 036

ナ　行

入出力特性 ……………………… 102,103
入力トリガ ……………………………… 156

ノイズマージン ………………………… 103
ノンリトリガブル ……………………… 156

ハ　行

ハイインピーダンス状態 ……… 119,120
排他的論理和 …………………………… 028
バイポーラトランジスタ ……………… 114
バス ……………………………………… 119
バックプレーンバス …………………… 123
発振回路 ………………………………… 161
ハードウェア記述言語 ………… 031,148
バッファ ………………………………… 009
ハーフアダー …………………………… 034
パリティチェッカ ……………………… 047
パリティ ………………………………… 047
パルス幅 ………………………………… 108
パワーゲーティング …………………… 112
半加算器 ………………………………… 034
半導体のスケーリング則 ……………… 141

比較器 …………………………………… 045
ビット …………………………………… 003
非同期カウンタ ………………………… 085
非同期クリア …………………………… 077
微分回路 ………………………………… 153
ヒューズ ROM ………………………… 137
ビルディングブロック ………………… 031

ファンアウト …………………… 102,105
ファンクションテーブル ……………… 037
フィールドプログラマブル …………… 146
負荷抵抗 ………………………………… 114
不揮発性 ………………………… 129,136
復号器 …………………………………… 038
複合ゲート ……………………………… 098
符号化器 ………………………………… 041
プライオリティ ………………………… 042
プライオリティエンコーダ …………… 042
フラッシュメモリ ……………… 129,136
プリセット ……………………………… 077
プリチャージ …………………………… 134
フリップフロップ ……………………… 055
フルアダー ……………………………… 034

索　引

ブール式 ……………………………………… 030
ブール代数 …………………………………… 030
プログラマブルロジック ……………………… 142
プロセスサイズ ……………………………… 141
プロダクトターム方式 ……………………… 142
フローティングゲート ………………… 136,142

並列キャリ方式同期カウンタ ……………… 076

ホールドタイム ……………………………… 108

マ 行

マスク ………………………………………… 141
マスク ROM ………………………………… 137
マスター・スレーブ方式 …………………… 061
マルチバイブレータ ………………………… 164
マルチプレクサ ……………………………… 043
マンチェスタコード ………………………… 084
マンチェスタデコーダ ……………………… 085

ミーリー型 …………………………………… 072

ムーア型 ……………………………………… 072
ムーアの法則 ………………………… 005,141

メモリ ………………………………………… 129
メモリの深さ ………………………………… 130

モノステーブルマルチバイブレータ ……… 156
漏れ電流 ……………………………………… 112

ヤ 行

優先順位 ……………………………………… 042
優先制御 ……………………………… 165,167

ラ 行

ラッチ ………………………………………… 055
ラッチアップ ………………………………… 113

リコンフィギャラブルシステム …………… 149
リセット ……………………………………… 055
リトリガブル ………………………………… 156
リプルキャリ方式 …………………………… 035
リプルキャリ方式同期カウンタ …………… 077
リフレッシュ ………………………………… 134

ルックアップテーブル方式 ………………… 145

レジスタ ……………………………………… 062
レティクル …………………………………… 141

ワ 行

ワイヤード OR ……………………………… 123
ワーストケースデザイン …………………… 104
ワンタイム型 PROM ………………………… 136

英数字

1 発パルス発生回路 ………………………… 156
2 進数 ………………………………………… 003
3 ステート入力 ……………………………… 119
74 シリーズ ………………………… 006,031

AC 特性 ……………………………… 100,105
ALU …………………………………… 033,037
AND …………………………………… 007,010
AND 回路 …………………………………… 115
ASIC ………………………………………… 141

bit ……………………………………………… 003

CAD …………………………………… 108,148
CLEAR ……………………………………… 038
CMOS ………………………………… 006,096
CPLD ………………………………………… 142

D ラッチ ……………………………… 058,059
DC 特性 ……………………………………… 100
DDR-SDRAM ……………………………… 135
D-FF ………………………………… 058,060
don't care …………………………… 012,026
DRAM ………………………………… 129,133
DSP ユニット ……………………………… 147
DTL …………………………………………… 117
DVFS ………………………………………… 112

EEPROM …………………………… 129,137
ENABLE P ………………………………… 080
ENABLE T ………………………………… 080
Exclusive-OR ……………………………… 028

FPGA ………………………………… 032,142,146

H レベル …………………………………… 002
HDL …………………………………………… 031
HLS …………………………………………… 033
HLS による設計 …………………………… 148
HMC ………………………………………… 136

IC ……………………………………………… 005
IP ……………………………………… 032,136

185

索　引

JK-FF	067	UV-EPROM	136,137
Lレベル	002	Verilog HDL	032,033,148
LSI	005	VHDL	032,148
LUT	145	Virtex シリーズ	148
		VLSI	005

ディジタル IC の部品索引

MDTL	117
MIL 記号法	008
MOSFET	005,096
MRAM	137
NAND	007,010
NAND 型	136
NAND フラッシュメモリ	136
NOR	007,010
NOR 型	136
NOT	007,010
OR	007,010
OR 回路	115
PLA	142
PRESET	038
RAM	129,137
ROM	129,136,137
RS ラッチ	056
RTL	031
RTL 設計	045
SDR-SDRAM	135
SERIAL INPUT	087
SoC	141
SoPD	148
SRAM	129,131
SR ラッチ	056
SSD	136
STA	108
TTL	006,117

555	157,163
7400	032,101
7402	032,101
7404	032,101
7408	032,101
7410	032,101
7420	032,101
7430	032,101
7432	032,101
7474	065
7485	046
74121	157
74123	158
74138	039
74139	039
74148	042
74153	044
74157	043
74160	078
74161	078,080
74162	078
74163	078,080
74164	087,088
74165	087,089
74174	066
74175	065
74180	048
74181	037
74251	044
74283	035
74381	038
74574	066
TC74VCX00FX	100

〈監修者略歴〉

相 磯 秀 夫（あいそ　ひでお）
　　昭和32年　慶應義塾大学大学院修士課程修了
　　昭和43年　工学博士
　　現　　在　東京工科大学理事
　　　　　　　慶應義塾大学名誉教授

〈著者略歴〉

天 野 英 晴（あまの　ひではる）
　　昭和58年　慶應義塾大学大学院修士課程修了
　　昭和61年　慶應義塾大学大学院博士課程修了
　　　　　　　工学博士
　　現　　在　慶應義塾大学理工学部教授

武 藤 佳 恭（たけふじ　よしやす）
　　昭和58年　慶應義塾大学大学院博士課程修了
　　　　　　　工学博士
　　現　　在　慶應義塾大学環境情報学部教授

- 本書の内容に関する質問は，オーム社ホームページの「サポート」から，「お問合せ」の「書籍に関するお問合せ」をご参照いただくか，または書状にてオーム社編集局宛にお願いします．お受けできる質問は本書で紹介した内容に限らせていただきます．なお，電話での質問にはお答えできませんので，あらかじめご了承ください．
- 万一，落丁・乱丁の場合は，送料当社負担でお取替えいたします．当社販売課宛にお送りください．
- 本書の一部の複写複製を希望される場合は，本書扉裏を参照してください．
  JCOPY ＜出版者著作権管理機構　委託出版物＞

だれにもわかる
ディジタル回路（改訂4版）

1984年 9 月30日　　第 1 版第 1 刷発行
1991年12月25日　　改訂 2 版第 1 刷発行
2005年 1 月20日　　改訂 3 版第 1 刷発行
2015年 5 月20日　　改訂 4 版第 1 刷発行
2023年 2 月10日　　改訂 4 版第 6 刷発行

監 修 者　　相 磯 秀 夫
著　　者　　天 野 英 晴
　　　　　　武 藤 佳 恭
発 行 者　　村 上 和 夫
発 行 所　　株式会社　オ ー ム 社
　　　　　　郵便番号　101-8460
　　　　　　東京都千代田区神田錦町 3-1
　　　　　　電話　03(3233)0641(代表)
　　　　　　URL　https://www.ohmsha.co.jp/

© 天野英晴・武藤佳恭 2015

印刷　三美印刷　　製本　協栄製本
ISBN978-4-274-21753-1　Printed in Japan

基本からわかる 講義ノート シリーズのご紹介

4 大特長

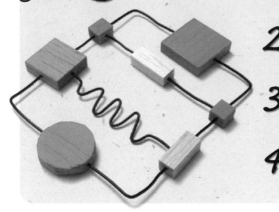

1. 広く浅く記述するのではなく，必ず知っておかなければならない事項について やさしく丁寧に，深く掘り下げて 解説しました

2. 各節冒頭の「キーポイント」に 知っておきたい事前知識などを盛り込みました

3. より理解が深まるように，吹出しや付せん によって補足解説を盛り込みました

4. 理解度チェックが図れるように，章末の練習問題を 難易度3段階式 としました

基本からわかる 電気回路講義ノート
- 西方 正司 監修／岩崎 久雄・鈴木 憲吏・鷹野 一朗・松井 幹彦・宮下 收 共著
- A5判・256頁 ●定価(本体2500円【税別】)

基本からわかる 電磁気学講義ノート
- 松瀬 貢規 監修／市川 紀充・岩崎 久雄・澤野 憲太郎・野村 新一 共著
- A5判・234頁 ●定価(本体2500円【税別】)

基本からわかる パワーエレクトロニクス講義ノート
- 西方 正司 監修／高木 亮・高見 弘・鳥居 粛・枡川 重男 共著
- A5判・200頁 ●定価(本体2500円【税別】)

基本からわかる 信号処理講義ノート
- 渡部 英二 監修／久保田 彰・神野 健哉・陶山 健仁・田口 亮 共著
- A5判・184頁 ●定価(本体2500円【税別】)

基本からわかる システム制御講義ノート
- 橋本 洋志 監修／石井 千春・汐月 哲夫・星野 貴弘 共著
- A5判・248頁 ●定価(本体2500円【税別】)

基本からわかる 電力システム講義ノート
- 新井 純一 監修／新井 純一・伊庭 健二・鈴木 克巳・藤田 吾郎 共著
- A5判・184頁 ●定価(本体2500円【税別】)

基本からわかる 電気機器講義ノート
- 西方 正司 監修／下村 昭二・百目鬼 英雄・星野 勉・森下 明平 共著
- A5判・192頁 ●定価(本体2500円【税別】)

もっと詳しい情報をお届けできます．
※書店に商品がない場合または直接ご注文の場合も右記宛にご連絡ください．

ホームページ http://www.ohmsha.co.jp/
TEL/FAX TEL.03-3233-0643 FAX.03-3233-3440

(定価は変更される場合があります)